——互联网实验室文库——

"互联网口述系列丛书"战略合作单位

浙江传媒学院

互联网与社会研究院

博客中国

国际互联网研究院

光荣与梦想

互联网口述系列丛书

方兴东 ◎ 主编
刘 伟 ◎ 执行主编

田溯宁 篇

电子工业出版社
Publishing House of Electronics Industry
北京·BEIJING

出版说明

"互联网口述历史"项目是由专业研究机构——互联网实验室,组织业界知名专家,对影响互联网发展的各个时期和各个关键节点的核心人物进行访谈,对这些人物的口述材料进行加工整理、研究提炼,以全方位展示互联网的发展历程和未来走向。人物涉及创业与商业,政府、安全与法律等相关领域,社会、思想与文化等层面。该项目把这些亲历者的口述内容作为我国互联网历史的原始素材,展示了互联网波澜壮阔的完整画卷。

今天奉献给各位读者的互联网口述系列丛书第一期的内容来源于"互联网口述历史"项目,主要挖掘了影响中国互联网发展的8位关键人物的口述历史资料和研究成果,包括《光荣与梦想:互联网口述系列丛书 钱华林篇》《光荣与梦想:互联网口述系列丛书 刘韵洁篇》《光荣与梦想:互联网口述系列丛书 许榕生篇》《光荣与梦想:互联网口述系列丛书 张朝阳篇》《光荣与梦想:互联网口述系列丛书 张树新篇》《光荣与梦想:互联网口述系列丛书 陆首群篇》《光荣与梦想:互联网口述系列丛书 胡启恒篇》《光荣与梦想:互联网口述系列丛书 田溯宁篇》。

"口述历史",简单地说,就是通过笔录、录音、录影等现代技术手段,记录历史事件当事人或者目击者的回忆而保存的口述凭证。"口述"作为一种全新的学术研究方法,尚处在"探索"阶段,目前尚未发现可供借鉴和参考的案例或样本。在本系列丛书的策划过程中,我们也曾与行业内的专家和学者们进行了多次的探讨和交流,尽量规避"口述"这种全新的研究方式存在的不足。与此同时,针对"口述"内容存在的口语化的特点,在本系列丛书的出版过程中,我们严格按照出版规范的要求最大限度地进行了调整和完善。但由于"口述体"这种特殊的表达方式,书中难免还存在诸多不当之处,恳请各位专家、学者多多指正,共同探讨"口述"这种全新的研究方法,通过总结和传承互联网文化,为中国互联网的发展贡献自己的力量。

"互联网口述系列丛书"编委会

学术委员会委员：
何德全　黄澄清　刘九如　卢　卫　倪光南
孙永革　田　涛　田溯宁　佟力强　王重鸣
汪丁丁　熊澄宇　许剑秋　郑永年
（按姓氏首字母排序）

主　　编：方兴东
执行主编：刘　伟
编　　委：范东升　王俊秀　徐玉蓉
　　　　　（按姓氏首字母排序）
策　　划：高忆宁　李宇泽
指导单位：北京市互联网信息办公室
执行单位：互联网实验室

学术支持单位：浙江传媒学院互联网与社会研究院
　　　　　　　汕头大学国际互联网研究院
　　　　　　　《现代传播（中国传媒大学学报）》
　　　　　　　北京师范大学新闻传播学院

丛书出版合作单位：博客中国
　　　　　　　　　电子工业出版社

"互联网口述系列丛书"工程执行团队

牵头执行：互联网实验室
总负责人：方兴东
采访人员：方兴东、钟布、赵婕
访谈联络：范媛媛、孙雪、张爱芹
摄影摄像：李宁、杜康乐
文字编辑：李宇泽、骆春燕、袁欢、索新怡
视频剪辑：杜运洪、李可
战略合作：高忆宁、马杰
出版联络：任喜霞、吴雪琴
研究支持：徐玉蓉、陈帅、宋谨谨
媒体宣传：于金琳、朱晓旋、张雅琪
技术支持：高宇峰、胡炳妍、唐启胤、魏海

总 序

为什么做"互联网口述历史"(OHI)*

方兴东

2019年是互联网诞生50周年,也是中国互联网全功能接入25年。如何全景式总结这波澜壮阔的50年,如何更好地面向下一个50年,这是"互联网口述历史"的初衷。

通过打造记录全球互联网全程的口述历史项目,为历史立言,为当代立志,为未来立心,一直是我个人的理想。

---

* 编者注:"互联网口述系列丛书"内容来源于"互联网口述历史"(OHI)项目。

而今,这一计划逐渐从梦想变成现实,初具轮廓。作为有幸全程见证、参与和研究中国互联网浪潮的一个充满书生意气的弄潮儿,我不知不觉把整个青春都献给了互联网。于是,我开始琢磨,如何做点更有价值的工作,不辜负这个时代。于是,2005年,"互联网口述历史"(OHI)开始萦绕在我心头。

我自己与互联网还是挺有缘分的。互联网诞生于1969年,那一年我也一同来到这个世界。1987年,我开始上大学,那一年,互联网以电子邮件的方式进入中国。1994年,我来到北京,那一年互联网正式进入中国,我有幸第一时间与它亲密接触。随后,自己从一位高校诗社社长转型为互联网人,全身心投入到为中国互联网发展摇旗呐喊的事业中。20多年的精彩纷呈尽收眼底。从20世纪90年代开始,到今天以及下一个10年,是所谓的互联网浪潮或者互联网革命的风暴中心,是最剧烈、最关键和最精彩的阶段。

但是,由于部分媒体的肤浅和浮躁,商业的功利与喧嚣,迄今,我们对改变中国及整个人类的互联网革命并没有恰如其分地呈现和认识。因为这场革命还在进程当中,我们现在需要做的并不是仓促地盖棺论定,也不是简单地总结或预测。对于这段刚刚发生的历史中的人与事、真实与细节,进行勤勤恳恳、扎扎实实的记录和挖掘,以及收集和积累更加丰富、全面的第一手史料,可能是更具历史价值和更富有意义的工作。

"互联网口述历史"仅仅局限在中国是不够的。不超越国界,没有全球视野,就无法理解互联网革命的真实面貌,就不符合人类共有的互联网精神。迄今整个人类互联网革命主要是由美国和中国联袂引领和推动完成的。到2017年底,全球网民达到40亿,互联网普及率达到50%。我们认为,互联网革命开始进入历史性的拐点:从以美国为中心的上半场(互联网全球化1.0),开始进入以中国为中心的下半场(互联网全球化2.0)。中美两国承前启后、前赴后继、各有所长、优势互补,将人类互联网新文明不断推向深入,惠及整个人类。无论存在何种摩擦和争端,在人类互联网革命的道路上,中美两国将别无选择地构建成为不可分割的利益共同体和命运共同体。所以,"互联网口述历史"将以中美两国为核心,先后推进、分步实施、相互促进、互为参照,绘就波澜壮阔的互联网浪潮的完整画卷。

在历史进程的重要关头，有一部分脱颖而出的人，他们没有错过时代赋予的关键时刻，依靠个人的特质和不懈的努力，做出了独特的贡献，创造了伟大的奇迹。他们是推动历史进程的代表人物，是凝聚时代变革的典范。聚焦和深入透视他们，可以更好地还原历史的精彩，展现人类独特的创造力。可以毫不夸张地说，这些人，就是推动中国从半农业半工业社会进入到信息社会的策动者和引领者，是推动整个人类从工业文明走向更高级的信息文明的功臣和英雄。他们的个人成就与时代所赋予的意义，将随着时间的推移，不断得以彰显和认可。他们身上体现的价值观和独特的精神气质，正是引领人类走向未来的最宝贵财富！

"互联网口述历史"自 2007 年开始尝试，经过十多年断断续续的摸索，总算雏形初现。整个计划的第一阶段成果分为两部分。一部分记录中国互联网发展全过程，参与口述总人数达到 200 人左右的规模。其中大致是：创业与商业层面约 100 人，他们是技术创新和商业创新的主力军，是绝对的主体，是互联网浪潮真正的缔造者；政府、安全与法律等相关层面约 50 人，他们是推动制度创新的主力军，是互联网浪潮最重要的支撑和基础；学术、社会、思想与文化等层面约50人,他们是推动社会各层面变革的出类拔萃者。另一部分是以美国为中心的全球互联网全记录,计划安排300人左右的规模。大致包括美国150人、欧洲50人、印度等其他国家100人。三类群体的分布也基本同上部分。第一阶段的目标是完成具有代表性的500人左右的口述历史。正是这个独特的群体,将人类从工业文明带入到了信息文明。可以说,他们是人类新文明的缔造者和引领者。

自2014年开始,我们开始频繁地去美国,在那里,得到了美国互联网企业家、院校和智库诸多专家学者的大力支持和广泛认可,全面启动全球"互联网口述历史"的访谈工作。目前,我们以每一个人4小时左右的口述为基础内容,未来我们希望能够不断更新和多次补充,使这项工程能够日积月累,描绘出整个人类向信息文明大迁移的全景图。

到2018年年中,我们初步完成国内170多人、国际150多人的口述,累计形成1000多万字的文字内容和超过1000小时的视频。这个规模大致超过了我们计划的一半。所谓万事开头难,有了这一半,我的心里开始有了底气。2018年开始,将以专题研究、图书出版以及多媒体视频等形式，陆续推向社会。希望在2019年互联网诞生50年之际，能够让整个计划完成第一阶段性目标。而第二阶段，我们将通过搭建的网络平台，面向全球动员和参与，并将该网络平台扩展成一个可持续发展的全球性平台。

通过各层面核心亲历者第一人称的口述，我们希望"互联网口述历史"工程能够成为全球互联网浪潮最全面、最丰富、最鲜活的第一手材料。为更好地记录互联网历史的全程提供多层次的素材，为后人更全面地研究互联网提供不可替代的参考。

启动口述历史项目，才明白这个工程的艰辛和浩大，需要无数人的支持和帮助，根本不是一个人所能够完成的。好在在此过程中，我们得到了各界一致的认可和支持，他们的肯定和赞赏是对我们最佳的激励。这是一项群体协作的集体工程，更是一项开放性的社会化工程。希望我们启动的这个项目，能汇聚更多的社会力量，最终能够越来越凸显价值与意义，能够成为中国对全球互联网所做的一点独特的贡献。

目录
CONTENTS

访谈者评述 /001

业界评述 /003

口述者肖像 /005

口述者简介 /006

壹 出国前的成长历程 /010

贰 把@带回中国 /016

叁 亚信早期的发展 /041

肆 两大争论，三大经验 /063

伍 当下的自我与思考 /076

陆 物联网时代需要想象力 /083

—田溯宁推荐的书 /089

—语录 /090

—链接 /093

—附录 /101

—相关人物 /122

—访谈手记 /123

—人名索引 /128

—参考资料（部分） /134

—编后记1 /138

—编后记2 /155

—致谢 /184

—互联网口述历史：人类新文明缔造者群像 /192

—互联网实验室文库：21世纪的走向未来丛书 /210

—注释 /215

—项目资助名单 /227

访谈者评述

方兴东

对于整个互联网界的时间长度来说,田溯宁待的时间应该是很长的。田溯宁一直是弄潮儿,虽然他可能并不是潮头最引人注目的那朵浪花。

应该说,田溯宁在互联网界扮演了一个很重要的角色。美国是互联网的发源地,田溯宁在美国熟悉了互联网,回来帮助中国建设网络,应该说是一个领路人。但是,田溯宁的很多价值观还是与互联网精神有一定的隔阂的,所以他创办了亚信,成了一个建设者。然而在中国的互联网建设者中,运营商是网络基础建设方面的主力军，亚信很难跟它们抗衡。所以田溯宁后来进入网通，进入体制中。他对机会的把握是很敏锐的，而且他个人又极具进取心，他想变成主力军，成为主力军团的指挥。他是一个能够把宽带"信息高速公路"梦实现的人。但我觉得这里面有很多冲突，所以他的双重身份也很悲壮。

现在他是一个投资者，他在互联网界20多年的历程里，角色经历了多次调整，这一点上不太像体制中的人，他还是愿意尝试，从亚信到网通，到现在的投资者。我觉得最可贵的是，他始终在互联网的前沿，并且20多年之后还依然活跃在前沿，这样的人不多。我觉得他是真正有信念的人，有理想主义色彩，我觉得这个是非常难得的。所以，很多人对田溯宁的评价是"有理想"。但是我觉得他有理想，也有商业意识。他做了很多基础性的工作，也很努力，虽然从商业角度来说，他可能没有实现最大的成功。我觉得这可能与他内在追求的某些东西是有关系的。

业界评述

田溯宁，他和一帮年轻人在美国加利福尼亚州有一个网络公司，做互联网工程。当时他们憧憬着说："我们把互联网带回家吧。"于是就举着这面旗帜回到了中国。这些人后来在中国早期的许多互联网工程的建设中立下了汗马功劳。

胡启恒
（中国工程院院士）

吴基传

（原信息产业部部长）

1993年田溯宁参与创办亚信公司，他离开亚信后到新成立的中国网络通信有限公司，也就是人们常说的小网通任职，出任总裁兼首席执行官。2002年4月，新网通挂牌，他任副总经理。田溯宁当时从国外回来主要是搞宽带到户，很有激情。

林军

（雷锋网创始人）

田溯宁天生有着某种领袖气质。1995年春，他拉了5个留学生（这5个留学生参与搭建过包括哈佛在内的众多美国名校的互联网）和他一起跑回北京，把亚信公司的业务重心转到中国，承担起ChinaNet等中国网络基础建设工作。一篇文章这样描述亚信的奋斗之路："北京寒冷的冬日似乎可以冻结某些人的梦想，但顽强的亚信人却用自己的双手，在坚硬的土地上一寸寸地开凿着中国历史上最壮观的信息高速公路。"

口述者肖像

口述者简介

田溯宁,中国科学院研究生院硕士、美国德克萨斯理工大学博士,现任宽带资本基金董事长、亚信科技公司董事长,同时兼任民生银行独立董事、联想集团独立非执行董事。

1963 年

生于北京。

1987 年,24 岁

获中国科学院研究生院生态学硕士学位。

1993 年,30 岁

获美国德克萨斯理工大学资源管理专业博士学位。同年,参与创办亚信科技公司,任总裁。该公司 2000 年在美国纳斯达克上市,成为中国首家在纳斯达克上市的民营高技术企业。

1999年8月，36岁

离开亚信，就任新成立的中国网络通信有限公司的总裁兼首席执行官。

2000年1月，37岁

被评为"中国十大杰出网络人物"之一。同年7月，被美国《商业周刊》评为"亚洲风云人物"。

2002年4月，39岁

中国电信业大规模重组开始，原中国网通（小网通）、原吉通及原中国电信所属北方10省电信公司组成了中国网通集团。田溯宁任重组后的中国网通集团副总裁，并成为党组成员，负责管理国际业务。

2004年1月，41岁

出任中国网通南方集团总经理。同年11月，中国网通在中国香港上市，田溯宁被任命为上市公司的首席执行官（CEO）。

2005年4月，42岁

出任中国网通集团上市公司副董事长，同时开始担任电讯盈科董事会副主席及非执行董事。

2006年7月，43岁

田溯宁正式辞去中国网通首席执行官的职务，创建宽带资本基金并出任董事长，专注于基金的管理和运营。在此后的七年时间里，田溯宁成为中国云计算和大数据产业的倡导者和支持者，并收获另一个绰号"云先生"。

田溯宁 篇

早期的互联网创业者都是理想主义者

访谈：方兴东
口述：田溯宁
整理：李宇泽、骆春燕
时间：2014年1月28日
　　　2018年8月24日
地点：北京上东盛贸酒店
　　　北京日坛公园内具服殿
文本修订：6次

光荣与梦想
互联网口述系列丛书

田溯宁篇

出国前的成长历程

在你的成长过程中,哪些因素对你影响特别大呢?

* * *

我的父母对我影响很大,他们都是科学家。我大学的专业是生物学,学生物可能就是受他们的影响,他俩都是学沙漠治理的,曾经到苏联留学。我父母留苏回来后在兰州研究沙漠治理,所以我是跟着姥姥长大的。姥姥是一位中学校长,对我的影响更大一些。

现在回想,我从小可能就不是一个"典型"的好学生,后来在念书期间我的专业变化也特别大。中学时我对什么都感兴趣,但是哪方面都没有特别的优势。

我从小算是个比较淘气的孩子,因为父母不在身边,学习成绩非常一般,跑出去玩儿经常闯祸,打群架之类的事儿都参与过。1976年我上初中,后来中考勉强考上辽宁的一个重点中学,叫实验中学。在实验中学,我们班有30多个人,我的成绩排20多名,很多功课都不好,尤其是数学和物理。直到现在物理中的很多定律我还是搞不太清楚。在亚信[1]创业的时候,好几个同事都是物理学博士,他们经常开玩笑问我物理学的牛顿三定律是什么,我记得最扎实的就是作用力和反作用力。

校内功课虽然不够好,但我从小到大对课外的知识都很感兴趣。中学时期,我最感兴趣的就是看文学作品,所以那时候偷偷看了很多小说。我对人物传记也很感兴趣。我记得当时人物传记类的书也很有限,多是讲一些年轻的科学家怎么发明的元素周期表、牛顿怎么发现了定律等。此外,我对舰船知识、航空知识也都很感兴趣,可能大部分男孩子都这样。我想这些课外知识，对我很有益的一点是让我对外面的世界和更大世界里的人和知识都充满了好奇。

我经常在看小说的时候想象，如果我成为其中一员会怎么样。我觉得自己心中有一个对未来世界的梦想，这个世界有点像科幻世界。好奇心驱使着我想要去探索未知世界，也让我对传统的课程感到很不满足。当然，我不是劝说学生不好好读书，这只是我的一点个人体会。

第二个体会是和他人的相处，这一点对我后来的人生发展有着重要的影响。我从小不在父母身边，我妹妹跟着父母在兰州，我跟在姥姥身边，姥姥当时已经快60岁了，家里也没有其他的兄弟姐妹可以依靠。那时候我交往的人大部分都是同学和朋友，所以我从小人缘就好。我在同学、朋友圈子里获得的东西，比家里获得的还要多。所以，我做事时永远带领着一帮人，爱做小团体中的一个中心人物。无论是在宿舍，还是在班级里，我都有一群哥们儿、朋友，而且和这些人都相处得很好。直到现在我也还和中学的几个朋友保持着联系，我们还经常在一起聚会，我们的友谊一直延续到今天。所以这两点我觉得很重要：第一点是对知识的好奇心；第二点是关心周围的人，愿意和大家交往，这样你可以在朋友交往的过程中得到很多的乐趣。

你出国留学以前就萌发了创业意识吗？刚开始时是做什么的？

* * *

我觉得我的创业基因可能是在出国以前、在中关村时就形成了。1985年我考上了中国科学院的研究生院，学习生态农业。那时我也没怎么学习计算机，但是有一本书对我的影响很大，就是《硅谷热》这本书，后来雷军也讲过同样的感受。我在王府井书店买了这本书，坐地铁回去，本来应该是在玉泉路下车，但是因为我一路都在看那本书，一下子坐到了终点站苹果园。

研究生读到一年半的时候，我们到软件所里去实习，宿舍就安排在中关村。我当时的舍友还有郭为[2]，但我也是后来才意识到我们俩当过"舍友"。郭为是中国科学院管理学院的代培生，我算是正式生，他当时喜欢下围棋，后来我才回想起来说，这是郭为啊！

那时候中关村一带研究、"鼓捣"计算机蔚然成风。我研究生毕业后也开始在中关村做生意，现在想想，我们那时候不都是"倒爷"嘛：第一个就是倒腾书，出书；第二个是想在中关村倒腾电脑，试过卖 Apple II，但是一台电脑也没卖成；第三个，我现在回想起来也挺不好意思的，是倒卖电视机票。我当时学生态农业，硕士论文题目是"吴县东山乡的一个湖羊的生态系统的研究"，所以要去苏州的吴县实习。到了以后，我发现倒卖手一台北京牡丹电视机厂出产的电视就能赚三四百块钱。我就倒卖电视票，卖到吴县东山乡，但当时最主要还是倒腾书，那个时候就不怎么安分。

光荣与梦想
互联网口述系列丛书

田溯宁篇

把@带回中国

你在硕士毕业以后是怎样想到去美国留学的呢?

* * *

我最早是打算去以色列留学。因为我父母都在中国科学院工作，母亲在沙漠所工作，他们那时候跟以色列合作研究干旱农业。有一次在以色列的代表团到北京访问期间，我刚好做过一点事，就是给他们当地陪，赚了点儿小费。在我接待以色列代表团时，跟以色列的教授有过接触，以色列能给我提供的奖学金很诱人，所以我最早是打算去以色列留学的。

后来我还接待过一个美国德克萨斯州的代表团，

德克萨斯州也属于干旱地区。我带他们到长城去，给他们讲孟姜女哭长城的故事，那些教授觉得我讲得十分感人，比一般导游讲得好。教授就说让我去那里读书，还给我写了推荐信。

后来我申请了一大堆美国的大学，只有德克萨斯理工大学给了我奖学金，虽然其所在的城市很小，叫拉伯克[3]，但是我读的草原生态学专业还不错。

办理出国手续顺利吗？

* * *

不顺利啊，我第一次办留学签证的时候，毫无理由地就被拒签了。然后我就利用那段时间翻译了李·亚科卡[4]的传记 *Talk Straight*[5]。

确切地说，我是组织人来翻译。1987年夏天，我找来几个国际关系学院的同学，租了一间宿舍，一个人翻译一章，流水作业，翻译得特别快。书出版以后非常畅销，我们家里现在还有这本书。我这次翻译赚了不少钱，有800块，在当时是很大的一笔钱了，也是我出国前最大的一笔收入。

到了第二次办签证的时候，我就把那本书带去了，跟签证官说，我对美国的向往正是因为对这个企业家很感兴趣。签证官拿去看了看问："是你翻译的吗？"我说是。他就说："李·亚科卡要到中国来，我们要搞个活动，你能不能参加？"我们就这样聊起天来了，然后他马上就盖了通过申请的章，那时已经是10月份了。

前几年，也就是在希拉里任国务卿、骆家辉任美国驻华大使期间，有一次我和王伯明等几个友人组织了一个中国企业家代表团去美国访问。当时在国务卿办公室里见到了希拉里，我跟她讲了第一被拒签、第二次才拿到了签证的经历。我说这20年来中国很多地方都变了，可能唯一没变的地方就是美国领事馆，还是老样子。

你到美国后感受如何?当时受到的冲击大吗?

*　*　*

非常大。那时候我就觉得做生意有意思,做研究没什么劲,所以出国之后我受到的冲击非常大。

当时国内有个叫九强[6]的公司,九强寓意"老九下海,发奋自强",是中国科学院下属单位的几个人创办的,创业者有邹左军[7]等人。那个年代风云激荡,很多人下海创业。九强公司任命我为驻美国代表处主任,发给我盖了印章的任命书,让我到美国去开拓市场,我当时为此很激动。

我是1987年年底去的美国,到德克萨斯理工大学的农学院,学统计生态学,攻读博士学位。

到了美国之后,我受到的第一个冲击是学校并没想象中那么好,拉伯克是个小城市,一共就30万人,其中有十几万人是学生。学校又很小,在这里能卖什么东西啊,我也不需要什么任命书了(笑)。

当时我下飞机的第一站是旧金山,再转机到达拉斯[8]。飞在空中时,能俯瞰到机场上许多架飞机停在机场各处,我很受触动,因为我从来没见过那么大的机场,当时我觉得中国可能永远也做不到这样子。

我在出国之前读过王安的自传——《教训》。巧合的是,我转机时远远看到一栋大楼上的"Wang Laboratories"标志,在那种时空下,一个中国人的姓氏让我感到温暖和亲切。

入学以后,我发现美国的生态学研究已经非常科学化了,而国内的生态学还处于描述性的初级阶段,比如当我们研究吴县东山乡的生态时,会非常具体地描述吴县东山乡位于北纬多少度,东经多少度,人口多少,降雨多少,然后配上丰富的照片。但是美国的研究者已经在利用计算机建模,其研究完全量化了。

对比之下，我觉得我们太初级了，当时就想借此给中国科学院介绍西方生态学进展。

所以我还联合很多人一起写了《植物生态学的最新进展》和《西方生态学进展》两本书，每人各写一章，我写的部分是草原生态学。这也成为中华海外生态学者协会俱乐部的成果之一。

当时学校里中国人多吗？写论文难不难？

* * *

我们学校很小，中国人也少，系里没几个中国人。本来学校给我 700 美元奖学金，但是因为去晚了奖学金也没了，感觉有些郁闷。

我在学校的日子特别不好过，对专业没兴趣，分错了植物、土壤的类别，还每天被骂。考试的时候，中国人习惯用墨水，老美习惯用铅笔。我记得导师总说：

"你看看,田溯宁,我教这么多中国学生,人家的字写得那么工整,你看你呀,一会儿用墨水,一会儿又用铅笔,涂涂改改到处都是,你跟我见过的所有中国学生都不一样。"所以我就没通过考试,而我们学校的中国留学生基本都通过了。

最难受的就是,第一次论文答辩没通过,这是很丢脸的事情,从中国出来留学的学生基本没有拿不到博士学位的,我当时就觉得我拿不到博士学位对不起家里人!因为这些事情,我那段时间很沮丧。

后来差不多又过了一年半,第二次论文答辩才通过。

我的研究论文课题极其无聊,是研究两种草的竞争。一般论文写完以后作者能看到有多少人查阅、引用过,现在还有人拿论文这件事取笑我,因为看过我这篇论文的一共就六个人。

有趣的是,亚信上市以后,我的论文在美国的杂志上发表了，我的导师不仅把论文寄给了我，还写了一封很长的信。

田溯宁初到美国，在美国德克萨斯理工大学校园里的留影。

（供图：田溯宁）

你是在什么样的契机下开始接触互联网的？

* * *

1988年感恩节的时候，美国的同学都回家了，那会儿我经常去学校的苹果计算机店闲逛，没事儿就到地下室里研究电脑。那是我第一次看到苹果电脑——不仅好用，而且还能连局域网。当时我们学校正在连接全美大学的 BITNET[9]，就是美国学校之间的网，是用 TCP/IP[10] 连接的。我印象特别深，这是我最早接触到互联网。

我在读博期间，对计算机（还有它的历史）很感兴趣，几乎读过所有关于乔布斯的书，还看了很多关于戴尔的文章。尤其对写乔布斯的一本书印象极其深刻，我后来见到乔布斯，问起与他有关的那本书，他说他都忘了。但我记得那本书，叫《旅程就是奖赏》（*The Journey of Reward*），写得特别好，讲的就是苹果公司的故事。

后来有一次，我们专业考试考美国草原分类，由于我记不住专业词汇，我的成绩只有 37 分，所以我就得学一大堆统计学的课程，因为必须要把平均绩点提高到 3.5，这样才能拿奖学金。因此，我去选学了计算机，以及一些其他的课程，这也成为我跟计算机打交道的一个契机。

实际上我真正热衷于互联网是有原因的。一个原因是我比较喜欢折腾。当时我所在的生态学专业的中国留学生中，有个组织叫 Chinese Ecology Club Overseas（海外华人生态学俱乐部）。我发现他们做了一个网站很厉害，能给人一种"天涯若比邻"的感觉。

于是，1988年，我联合生态学的一帮同学（其中有一个人是中国科学院动物所的刘建国），通过BITNET 的应用群发邮件，把70多名在海外的中国生态学家连在一起，包括英国剑桥大学的学者，以及环境保护主义者。他们联系全球的绿色和平组织，以中国人为主，成立了一个生态学俱乐部（Sino-Eco[11]），是当时互联网最活跃的组织之一，而我就成为了那个俱乐部的一个主要发起人。因此，Sino-Eco 是我当时使用互联网的一个最主要的动力。

另一个触动我去了解互联网的因素是《华夏文摘》[12]。《华夏文摘》创刊前叫"新闻文摘电脑网络"（News

Digest），在留学生圈中已经影响很大了。我记得很清楚，第一个在互联网上写小说、写回忆录的人叫图雅[13]。那时《华夏文摘》在 DEC 公司的 VAX 机上显示中文显示得非常慢，中文字体也不好，用的是"下里巴人"软件。它的核心团队是后来组建科大讯飞的一帮人，编写"下里巴人"软件的严永欣、张云飞[14]等后来都在科大讯飞。

实际上亚信早期的概念，跟《华夏文摘》有很大的关系。我记得《华夏文摘》有一个讨论组，有个人说"什么时候能把@带回中国"，我觉得这是早期很强烈的一种意识，是早期播撒的关于互联网的种子。

当时你就想到了要做与计算机相关的事情吗？

* * *

我在美国毕业之前做过一次与计算机有关的创业，这也成了我做过的一件极不靠谱的事儿。

有一次在回国的飞机上，我认识了一个叫宋强的人，他就坐在我旁边，一路上跟我聊天。因为在美国的飞机上相对来说中国人很少，我们聊得很投机。

宋强在美国威斯康星大学学计算机，他说自己有一套算法能用计算机识别手写签字，银行就可以用计算机来对签字进行辨伪，我第一感觉就是这项技术太牛了！宋强不光有技术，还有资金，他说他爷爷早年去了台湾，后来好不容易找到他，想在去世之前给他一笔很大的财产。当时我们俩都是去洛杉矶出差，籍此机会我们聊了两三天。

返回拉伯克的两三个星期后，宋强开车来找我说创业的事，我俩各自都出了点钱，成立了我们的第一个公司，当时我还没有毕业。

创业以后我才了解到美国对小企业创业帮扶的大环境对我们很有利，他们提供免费的办公室，还有共享秘书，和现在的孵化器差不多。在90年代初期，拉伯克就有共享办公室了。

我当时完全不懂什么叫做生意。我们是打算把宋强研发的那套系统卖给银行,因为银行装上这套系统以后,可以对银行支票上签字辨伪。于是我们就拿着系统去银行进行游说,银行大厅营业员的反应都是:"What are you talking about?(你在说什么?)"我们再继续跟后台经理解释,天天在银行折腾周旋,实际上根本没任何进展。现在想想,要上线一个系统哪有那么简单。

我那会儿不到 30 岁,每天穿着西装、系着领带去上班,开车去见客户,特别认真,挺像模像样的。我们还做小页广告,期望有人打电话来,但是除了偶尔接到打错了的电话,终日无所事事,结果一单生意也没做成。

这次创业不到一年,我们就实在坚持不下去了。后来我俩刚要"分手"的时候不是特别愉快,因为我说还要坚持，但是宋强决定要离开拉伯克。创业前期我们买过一大堆办公用品，这样一来分账可能会成问题。宋强是技术人员的那种个性，特傲，刚开始他想找律师解决，我也不懂，就说："咱们这点破事还找什么律师啊，咱俩喝顿酒算了，你要什么就拿什么。"最后我们还是好聚好散了。总之，这一次创业一塌糊涂。

后来创业你和丁健[15]一起搭档了？

* * *

对，1990年，我跟丁健是在一个留学生的聚会上认识的。

我给丁健介绍我们的生态学俱乐部，他对生态学不太感兴趣，但是对这种公益组织挺感兴趣。我劝丁健加入我们俱乐部，捐点款，丁健在电梯里拿了张支票"咣咣"就写了50美元，那时50美元算挺多的了。当时我就觉得挺难得，所以对他的第一印象就是：这哥们儿挺够意思啊！他那时在加州大学洛杉矶分校读研究生，在互联网上非常活跃，经常发文章，在网上很有名。这次见面之后，我们通过邮件保持联系。

那时我母亲在科协工作，科协有一个代表团到美国访问，需要当地有人帮忙接待一下，我就给丁健打电话，想让他在达拉斯接待一下。丁健当时正好有空，就接待了那个代表团。慢慢地我就和他熟了，我俩一直挺谈得来的。

丁健那时候特有意思，有段时间他在图书馆当图书管理的技术员，美国图书馆的工作人员多是一些老太太，丁健的技术很好，他天天坐在那儿，不断有人给他打电话，说电脑不干活儿，请他去修理。他发现大部分人都是在跟他"开玩笑"，不是开关没找着，就是软盘[16]读写保护胶条没揭下来。他说，这些琐事简直就是在摧毁他的智力。

当时创业只有你们俩吗？公司是怎么构想的？

*　*　*

对，有我和丁健，还有早期参与投资的刘耀伦[17]先生。

我1993年毕业时，BBS[18]在美国大热。我跟丁健商量一起创业，他说咱们也应该做一个BBS，后来我们就成立了公司BDI[19]。

当时在旧金山有一个公司叫Net.com，是最早的SP[20]，后来被收购了。1992年我们开始创业时，也想做这种类似的业务，但不知道怎么起步，后来我们发现一个生意经。当时Novell[21]最火，很多局域网都是用Novell连到互联网上，他们的收费是1小时70美元。那时候Yahoo还没有创立，我们就考虑做一个模型出来，把中国的信息拿到到美国去卖。

1993年,我们开始做 AsiaInfo Daily[22]。当时是这样做的:丁健以前工作的单位是科技部情报所,情报所把中国的商业新闻翻译成英文,然后通过 BBS 传到美国去,美国有很多研究机构订阅这类新闻。我们就叫它 AsiaInfo Daily,亚信日报。

我们在国内的情报所有一两个人帮忙,在美国也雇了员工。我那时在美国参加环保组织,认识了一些旧金山的有钱人,通过他们介绍,我在华尔街商圈谈成了一单高达 3000 美金的生意。我回到达拉斯以后说卖了 3000 美元,丁健他们特别兴奋、特别激动,好像我是英雄归来一样。

公司初期人不多,除了我和丁健,还有吴军[23]等几个人,以及雇佣的一个美国人,还有后来从国内到美国的李长胜和几个兼职的留学生。亚信早期雇佣的员工当中,Matt Cohler 后来成了 Facebook 的早期创始人之一,我参加达沃斯论坛时还遇到了他,他就坐在马克·扎克伯格的旁边,是Facebook的第三位雇员。

1993年注册公司时,丁健刚好在图书馆工作,他就利用图书馆的资源研究"如何建立公司"。丁健非常注重细节,考虑得很全面,把一些上市公司才涉及到的复杂问题都想到了。所以我们也没请律师,我们自己注册了公司。刚开始丁健给公司起的名称要么很宏大,要么就莫名其妙,"亚信"这个名字还是刘亚东[24]起的。那会儿创业全靠热情,很热闹。

田溯宁博士毕业照。

(供图：田溯宁)

那时候你去参加过 IETF[25]大会?

* * *

是的。我记得我第一次参加 IETF 是在达拉斯,当时像 Vint Cerf[26]这样重量级的人物都参加了。IETF 相当于一个 bush[27],就像现在搞云计算,相关领域的很多专家都会参会,一起交流。那时候 IETF 会议的规模还比较小,也就只有 100 人左右,不像现在有几万人参加。

丁健参会时遇到了一位巴基斯坦人,名字现在我还记得,叫法入科·侯赛因,他在会上跟我们打招呼说:"你们看起来像中国人。"法入科·侯赛因是 Sprint[28]公司的领导,后来成为了我们的恩人。

Sprint 公司曾帮助美国 NSF[29]建网,是美国互联网最早的骨干网,美国联邦政府最大的电信网的提供商。

法入科·侯赛因和丁健说他们有可能要把中国的互联网连到美国的互联网上,因为商业互联网都是他们来连接的。当时美国的商务部长戴利[30]要到中国访问，希望能让中国的互联网与商业互联网相连，这是Sprint公司在北京64kbps专线开通后的第一个项目。那是在1994年夏天，梁志平[31]和原北京电报局的一些人会了解这些事。

什么时候公司拿到了第一个合同？

* * *

第一个合同还是Sprint公司给的。当时是这样，有一位女士叫Cindy，她在美国圣地亚哥大学超级计算机研究中心负责网络，中国科学院高能所[32]请她来国内讲课。Cindy就和丁健一起回来，给国内做互联网讲座，主要介绍了TCP/IP网。

当时路由器还是DEC的路由器，丁健和Cindy在高能所讲课时讲路由器怎么配置。当时邮电部数据局负责非话业务的梁志平和左峰也来听讲座，讲座结束之后还进行了交流。Sprint 公司后来就找到我们，说这个项目拿下来了，由当时的邮电部出资连接美国的商业互联网。Sprint 公司表示，既然已经联网了，就要对有关人员进行培训。

当时国内连着海外的只有两个网络，一个是科技情报所的网络，另一个是高能所的网络（与欧洲 CERN[33] 连在一起）。那时候国内大众对互联网都不太了解。那次培训特别有意思，是在华盛顿的 Sprint 公司旁边找了一间教室，在教室里搭建环境[34]，搭建好后中国受训人员才能来。

当时我和吴军、张云飞都是留学生，本来是让我们做"地陪"的，给双方人员做翻译。但是 TCP/IP 网络总连接不上，后来丁健上手去做，美国人两三天都没做好的东西，丁健两三个小时就调试成功了，表现得相当抢眼。

后来 Sprint 公司的国际副总裁发现我们精通技术，

就把这个项目外包给我们了,这是我们的第一个合同,总价值 30 万美元。我们的工作就是把局域网环境搭建好,然后编写教材给中国电信部门的人员进行 TCP/IP 网络培训。

1993 年夏天,Sprint 公司发现我们几个留学生比他们的工程师都厉害,就开始雇用我们的人,也就是亚信早期的人员。

还有另外一件事特别有意思,就是赵小凡[35]找到我们,问能不能找一些人帮忙建网,就是电子工业部的系统。赵小凡在电子工业部的下属公司华通[36]工作,他很早就认识到,联通金桥工程不能用于传统的网络,他觉得应该做 IP 网。所以赵小凡就和丁健联系了。

后来我们回国了,因为 Sprint 公司的这个项目我们干得很棒,所以他们不光培训交给我们做,而且将整个北京的网关调试,实际上就是相当于系统集成也交给了我们。当时谁也不知道怎么写培训教材,我就买了英文书带回国,让亚信早期的那几个同事翻译这些书,然后自学。1994年10月开通的这个承建于Sprint公司的项目是商用的,结果这么一建,就一发不可收了。自此以后,我们建的网络就遍及全国各地了,其中最大的一个就是ChinaNet[37]。建ChinaNet的时候,我们就跟Sprint公司开始有竞争了。

早期田溯宁在亚信集团。

(供图:田溯宁)

光荣与梦想
互联网口述系列丛书

田溯宁篇

亚信早期的发展

亚信早期得到了哪些投资？

* * *

亚信早期的投资者有刘耀伦先生，他相当于天使投资人。

那时候中国科协的科学家要到美国访问，我没什么事就又当"地陪"去了。接待中国科协代表团的是刘耀伦先生，他请大家吃饭，所以我们就认识了。他是香港出生的美籍华人，在美国搞发展地产。刘先生特别关心国内，曾经帮中国给大使馆写信争取最惠国待遇，大使馆对他也很好。

刘先生投资亚信有两个原因，一是他对丁健印象很好，他跟丁健第一次吃饭的时候，丁健抢着买单，他觉得丁健很仗义。第二就是他觉得我们能把一个问题讲得让所有人都挺兴奋,所以他给我们投了一部分钱。另一个重要的事情是,刘先生还让我们免费用他的办公室,所以我们那时候在湾区和达拉斯都有办公室,很气派,给人感觉这公司很大,但实际上没几个人。

我还认识当地一个做石油生意的美国人,是典型的地产商。我们俩私人关系特别好,他大概投了1万美元,但是后来又要回去了。

王功权[38]也到德克萨斯州来过,我专门开车接待他,聊了以后他觉得不错,当时决定要给我们投50万美元。由于那时候我们的现金流有很大的问题,所以虽然我们谈了很长时间,但是最后他放弃投资了。

丁健自己还投了些钱进去。虽说我们俩不拿工资,但因为我们不用缴房租,所以也没什么大花费。有一段时间我们常常胡吃海喝,有一天丁健特别严肃地跟我说:"咱不能这样了,主要是公司不太稳定,以后还要花很多钱，我们每顿饭钱都要分得清清楚楚，你的是你的，我的是我的。"那天听到他说这些话，我特别伤心。结果，他说完以后从来都没落实过，每次还是抢着买单，那些话也就说说而已。

其实我跟丁健很早就讲好，我俩的股份永远都是五五分，也不计较这样分是否科学，所以很长一段时间里我们一直都保持这样的平等。

2000年公司上市，股票涨了三倍多，那是公司市值最高的时候。我和丁健的股份并不多，我们那时候对这些不懂。孙强[39]好像是第一大股东，然后是刘耀伦，他有百分之二三十的股份，应该赚了很多钱。

叁 亚信早期的发展

1997年亚信团队丁健（左一）、赵耀（左二）、田溯宁（左四）、刘亚东（左五）与投资人刘耀伦先生（左三）合影。

（供图：田溯宁）

当时国内互联网也已经发展起来了吗？杭州是发展比较早的吧？

* * *

是的。在大家对互联网还没有很深刻的了解时，杭州电信局的认识已经特别深入了，这主要归功于王晓初[40]和谢峰[41]。

中国互联网最早建设的节点在北京、上海，那是国际节点，都是通过长途局（也就是非话业务长途局）连接的。浙江的节点是跟上海连接的。浙江建完以后是广东，广东建完以后，ChinaNet在全国广泛铺开了。当时做"联调"时特别有意思，我们在小西天找了一个大厂房，把每个省用到的路由器、SUN公司的[42]服务器堆成一个堆，然后用电缆连在一起全部调试好后，再把设备分别打包送出去。这是张云飞创造的联调方法。

当时就是我们一帮年轻人在一起工作，还不知道能不能做好这个大事。有一次 Cisco 公司的中国代表龚定宇跟我说："田总，不好了，我们的架构师说 ChinaNet 网的整个设计都错了。"当时我一听，脑袋就冒汗了，此事不妙啊。我马上找到张云飞，让他去请了一个很有名的 BBN 的顾问，是个越南人。但是当时我又没钱，就把他"忽悠"过来，我们支付他中国旅游的费用，他帮我们做 ChinaNet 整体设计的把关，他在这里面起了很大的作用。张云飞当时天天在研究这些东西，那个越南人也是。后来张云飞跟我保证，说整个设计出错是绝不可能的。最后结果也证明是 Cisco 公司的人在吓唬我们。那时候我们的技术还比较落后，Excel 中文版都没有。我们报价的时候把 Excel 表格打印出来，一半英文，一半中文，因为字库里中文字体不全。这都是小事。后来谈到系统集成应该报价多少，我跟郭凤英[43]商量，最后决定报 18%，会有较高的收益了。

李道豫大使视察亚信。

(供图:田溯宁)

亚信早期的发展

1999年,田溯宁登上《神州学人》封面,并接受采访。

(供图:田溯宁)

那时候公司业务发展得非常快，1998年公司收入差不多达到6亿美元了。项目的利润虽然高，但因为我们不太懂公司管理，业务扩张速度很快，所以那会儿不仅经常忙不过来，还总缺钱。

第一单成功以后，第二单顺利吗？

* * *

很顺利，我现在回想起来还挺有意思的，印象很深刻。

我们第二个大单是和深圳证券交易所签约的。深交所正在筹建IBM主机为核心的交易系统，听说TCP/IP之后，这一帮新人就到北京来，几经辗转找到梁志平，梁志平说让丁健、田溯宁去，于是我们马上去了深圳。

我和丁健带着笔记本电脑，当场给深交所的人演示。在我们介绍了这个网络的很多优点后,他们决定签合同。但是我们的公司在美国,国内没公司,而他们又没法跟美国的公司签合同,于是我们就提议让他们向丁健所在的情报所借个账号。

那时候什么也不懂,像这种上千万的集成大合同,我们就随便报了个价,不过项目的利润率挺高的,我们赚的钱还是很可观。情报所的那些人也特别好,他们同意把钱汇到所里,强调说这笔钱由我来用,他们只收了一笔管理费。

亚信的迅速成长,让人头疼的是什么?

* * *

最痛苦的是争取融资,我们不懂的东西太多了。

但是如果没有融资,中国的互联网很难取得突破性的进展。当时我们公司正处于融资再融资的过程中,加上当时万通撤资,我们在国内争取融资很困难,刘亚东提议去找海外融资。

于是我们就去美国融资,见了很多投资人。其中就有茅道临。其实早在 1994 年我们就想过从华登[44]融资,但是后来也没有成功。那时候中国企业争取美国的投资还很难。当时我们还见了美国的一个著名投资人,亚信上市以后他还给我写了一封长信,说他特别后悔没有投资我们。

特别幸运的是,有一个朋友把冯波[45]介绍给了我们,冯波写材料帮我们融资,参与了我们融资的整个过程,天天跟我们待在一起。我们一起去见客户的时候,冯波都是西装革履的打扮,特别帅气,他的助手是一个美籍华人,叫赖瑞。

后来冯波带我们去香港,遇到了形形色色的投资人,见了各种各样的投资公司,但是他们都不太了解互联网。有次我们在一天内见了九家投资人,效果都不太好。那时候圣诞节快到了,而我们每天有六七个小时都在讲重复的东西,还得不到别人的肯定,身心俱疲。一到晚上,我就感到很绝望,自己也没有信心,不知道该怎么继续。

当时为了找到融资,我一个人到处跑,真记不清去了多少个地方,这个过程是很艰难的。曾经一天做六个路演,还常闹笑话。别人问我商业模式,问我公司发展的收入模型和成本模型,我都不太明白。后来我也很奇怪,这东西并其实不难,有高中数学的知识就够了,但当时就是不明白。不光我不懂,刘亚东也不懂,他不仅创业过,而且在公司里是管财务的,也不懂。所以,后来我到网通任职的时候,一开始就让人做收入模型,有了它融资就很快了。虽然后来路演都是我一个人在做,但是一个人的效果反而更好。

我们还遇到过一个挺有激情的投资人,名叫 Bob。我给他讲互联网的时候,在公司里画了一个中国地图,每当有一个地区连上互联网,我们就摁一个图钉上去,这个图钉代表了中国数字化的未来。后来冯波跟我说他一直在冒汗,因为 Bob 一句话也没讲,一直屏气听着。

那时我也不知道该怎么给员工期权和股票,有员工来找我要期权,我就说好,问他要多少。给亚信的员工开会,我说:"到底什么叫'share'?'share'就是大家共享嘛。"后来遭到了投资顾问的严厉质疑,问我:"你怎么能这样乱发期权?!"

所以亚信当时很多人都有股票。孙强要来公司考察,我们就派司机去接他。那位司机在路上接到了公司的传呼机信息,然后一路上都很不高兴。孙强就问怎么了,司机说因为公司丢单子了,大家的心情特别不好。孙强立即断定,如果一个公司丢单子能让司机都情绪不好,这样的公司值得期待。

但是融资期间,孙强给我打电话,说我们的报表

叁 亚信早期的发展

有问题,缺少很多数据资料。融资报表里涉及到的专业术语我从来没听过,后来刘亚东说报表全是他随便填的。这把孙强气坏了:"我帮你们融资,你们竟然怎么这些都不知道,这种公司让别人怎么投啊?"

后来我们又找来了华平和中创,差不多到1997年才融资成功,获得将近两千七百万美金。那时候觉得这已经是天文数字了,这也是亚洲第一笔大数额的高科技融资。

然后我和丁健一起去香港做公司估值,这是公司存亡攸关的一步。那时候为了省钱,我俩住一个房间。在估值的前一天晚上,我问丁健到底应该将估值定为6000万美元还是1亿美元,他让我来定,我就定成了6000万美元。

第二天,我们在香港的一家律师事务所签融资协议,签完字以后钱就能到账了。记得签字的时候,我们在高楼上听到远处的雷爆声,很震撼。我还说那就是金融危机的前兆,果不其然,紧接着1997年年底就爆发了亚洲金融危机,要是当时协议未签就真麻烦了。现在我还留着那时候的一张照片。

万事开头难,后来顺利吗?

* * *

不太顺利。那时候还没有风险投资,其他各个因素也不具备,有一段时间我真是觉得公司很难维持下去了。公司经历了两次比较大的危机。

首先公司出现了财务危机。我们虽然有很大的订单,但是不明白现金价值和账面价值的差别,公司经常发不出工资。别的公司都是工资越来越高,我们的工资反而越来越低。出现这种情况的原因在于我们签下系统集成的生意,就会产生预付款、应收款,而且我们还要在美国购买材料,所以现金流管理面临很大的问题。最后还是客户帮了我们很多忙,解决了现金流的一部分问题。那时候刘亚东是首席财务官，他认识的人多，到处找朋友借钱，这对化解危机也起了很大的作用。

到1998年左右，国内业务有所起色以后，之前投过我们的万通本想继续投资300万美元，但这一计划被搁置了。后来潘石屹告诉我没继续投资原因，其实当时潘石屹的公司很赚钱，那一点投资根本不算什么，但是有一次在上海开会，刘亚东让万通签投资文件，潘石屹一看那文件全是英文的，就说："你们这帮人给我们把英文翻译成中文再说。"

还有一次危机是，有一些谣传，说互联网牵扯了一些政治问题，亚信和我们为此都受到了很多非议。我就得解释互联网并不是那么回事，为此我还跟给公安部、安全部写过好多材料。那次危机对我打击很大，我就下定决心要走向互联网的传播之路，因为做不好就没法证明。

公司的运营管理模式是什么？团队是如何分工的呢？

* * *

起初，我们公司没有什么管理层之分，就是七八个人天天在一起工作，没有管理分层，更没有董事局。

刘亚东曾是美国万通的负责人，而且对硅谷的许多方面都比较熟悉，他自己做的公司被收购后就加入了亚信，负责财务管理。丁健负责技术，而我的职务从一开始就是 CEO，负责接待和沟通。

丁健、刘亚东、张云飞、赵耀，这几个人都很优秀，他们都是名校毕业的高材生。我的教育经历算是其中最差的了，而且我也不懂技术，怎么管他们啊。

我听丁健的哥哥说，丁健是北京大学学生会副主席，很能干。我们面对媒体时，有时候我讲得挺好，丁健讲得也很好，我们两个人不好分工，但是公司必须得有一个统一对外的声音。

印名片的时候,我的职位是总裁,丁健的是副总裁。但其实这就是一个头衔,对外工作时谁愿意用什么就用什么,因为我们在经营计划、预算各方面都没有分工。

有人说丁健挺不服我的。刚好那时候我还有合同要谈,压力很大。我心里想要不让丁健来当 CEO 吧,我就做其他的工作。但是丁健是一个特别友善的人,他说:"哎呀,咱们都说好了,你别扯这个事了,你就是 CEO。"

我觉得当时最难能可贵的一点就是,我有什么话都跟丁健直说,我直接问丁健是不是心里有想法,他还为此跟我分析:"公司总得有人出面,你要不出面,我这的东西你也不会做啊。"我一想也是,我只能做这些东西,所以我们最早的分工就这样达成了。

那时候郭凤英在做销售,她是一位特别能干的优秀女性，我们的合作也特别接地气。其他这几个人加入亚信的时候，都是我跟他们谈的，丁健不愿意跟他们聊什么工资、待遇、股票这些，这些事都是我跟他们谈的。

你们团队有过争吵吗？

* * *

当然有。这帮人真是一个比一个聪明，我觉得他们智商都比我高，这些高智商的人时常会吵架。丁健和张云飞两人在我隔壁吵架，一吵就是四五个小时，吵到双方都没劲了，就不吱声了。我性格也不好，有时候吵得第二天都不想上班了，尤其郭凤英又是一位女士，一吵就哭，泪水横飞啊！但是吵过之后，他们还是觉得我这个人还不错。

每个周末我们都出去胡吃海喝，团队建设就是去吃饭。基本每次遇到矛盾，我们吃顿饭就解决了。

叁 亚信早期的发展

公司发展起来后有没有遇到危机?

* * *

有,还是财务危机。

公司后来遇到财务危机的时候,我和丁健、刘亚东、张云飞去加州租了个房子,开了两天会,讨论公司应该向何处去。我们天天吵架,每次开完会都觉得这公司没法维持了,因为大家意见不一致。租房子的地方特别偏僻,晚上连个喝酒的地方都找不到,我有时一生气就开车到高速公路上跑一圈,还差点发生了车祸。最后我们得出结论,公司一定要融资,并且在大家进一步分工后,决定由我来负责。

亚信很早就请了德勤公司[46]做财务审计,我甚至还问过他们能不能把财务部都外包出去。当时,我们公司已经发展到 700 人的规模,却还没有建立单独的人力资源部,也没有正规的财务部。

因为早期不懂管理,后来公司暴露出很多管理问题,但亚信就是在磨合中慢慢发展起来的。公司在融资之后有了系统的管理,CFO韩颖[47]来之后就真正像样了。那时候我才知道公司要有预算和目标管理,要设定KPI,以前我认为做预算就是往前冲。

在公司即将上市前,就有人抢着投资,我都不用出面,主要是韩颖负责融资的相关事宜。这次我们还拿到了英特尔公司2500万的融资。

1999年9月融资结束后,亚信团队与投资人合影。

(供图:田溯宁)

光荣与梦想
互联网口述系列丛书

田溯宁篇

两大争论，三大经验

在早期把互联网接入中国的人里,你觉得哪些人有突出贡献?

* * *

我觉得邮电部的刘韵洁局长所起的作用非常重要。**在互联网早期有两大争论,第一个争论是关于接入 X.25[48]网还是接入 TCP/IP 网的争论。**当时电信部门的大部分人认为应该走 X.25 网,就是电联规划这条道路。后来刘韵洁下决心,拍板走了开放的道路,也就是 TCP/IP 网,梁志平和野永东[49]在决策过程中也起了很重要的作用。

另外一个争论是关于 163 网[50]和 169 网[51]的争论，就是要不要建立一个内联网。当时国内有一种意见认为，互联网是美国军方发明的，如果将中国的网络接入美国的互联网，将来被美国控制住怎么办？是不是应该建立一个中国自己的网络？也就是 169 网，而 163 网是和国际互联网相连的。那时候原电子工业部下属的国信办支持做 163 网，邮电部则分为两派意见，刘韵洁等人主张做 163 网，另外一些人更希望做 169 网。实践证明建立 169 网根本没有出路。我觉得这段历史回顾很重要，当年的两大争论，最后都是正确的意见战胜了错误的意见。如果当时决策错了，就没有今天中国互联网的产业规模了。

早期互联网还有一件事情比较重要，就是市场化的力量和创新的力量一直在跟着最新的技术走。当时的情况也很艰难，我们面临着各种各样的挑战，但是仍然一步一步走过来了。第一代互联网人面临的挑战很多，大概有这三个方面吧。

第一，我们面临着海外留学回国后如何创业的问题。那会儿我们因为出国，被取消了户口，也没有取得美国绿卡。我们当时面临的最大问题就是公司没法注册，如果公司作为内资企业去注册，我没有身份证；如果算外资企业，我没有美国护照。当时听说有一个人能帮我们解决这个问题，结果被骗走了3000美元。后来潘石屹还说，他也知道这个骗子。我们当时遇到了非常多诸如此类别人想不到的困难。

第二，我们经常面临着"互联网到底是什么"的困惑。我觉得现在总结早期创业者的精神力量很重要。当时张树新[52]、王志东[53]、丁磊、张朝阳[54]、曾强[55]、《网络为王》的作者胡泳[56]，我们这些人经常聚会，并不断在网络上宣传互联网。记得我当年在《计算机世界》开了一个"亚信加油站"的专栏，讲互联网是什么、互联网到底意味着什么。此外，我当时还到处去宣传，讲互联网是一个新经济的代表，我觉得思想和理念上的更迭还是特别重要的。

另外,我觉得启蒙式教育也是挺重要的。我对那时候的一个现象印象特别深:每当看到一个名片上有电子邮件地址的人,我就觉得像遇见革命同志一样,就能跟他聊得很投机。我当时与政府官员打交道,明显感觉到他们可以分为两种人:一种是对互联网不理解、甚至有所排斥的人;另一种是对互联网特别支持的人。前者到底不理解到什么程度?给你讲个真实的故事。我们到西南某省汇报建立信息高速公路的事,当时"Internet"还翻译为"信息高速公路",当时的领导误认为此事应归交通局来管。很多地方都是这种状况。但是另一方面,也有一些领导热情地支持互联网建设。当年电子工业部的赵小凡、邮电部办公厅的领导,还有教育部、中国科学院的领导都特别支持。

1993年,你就在光明日报发表了文章,讲解"信息高速公路"吧?

* * *

对。当时科技部经常派人到中国驻美大使馆做记者和科技参赞,但是他们都不懂互联网,于是就让我写篇文章。

那时候我听说美国副总统戈尔要来拉伯克演讲,随行的还有一位美国当地的朋友,我就特意去等候他们,结果他们下了飞机之后,只讲了一会儿就走了,演讲内容就是"我们正在建立美国信息高速公路"(We are building American Information Highway)。

接着,我看了那一期《时代周刊》杂志上的文章,边看文章边写中文稿件。我写完后就寄给找我约稿的人,但是没人理我,一气之下我就直接寄回给光明日报社。后来这篇《美国"信息高速公路"计划及对中国现代化的启示》就被发表了，占据了半个版面，之后又刊登在了《科技导报》期刊上。当时在国内影响还挺大，算是介绍互联网比较早的一篇文章。

对于中国互联网的发展，你认为有哪些经验值得总结？

* * *

我觉得有如下几点经验：第一，对于新的技术，我们要满怀热情地拥抱它。第二，任何一个新技术或新产品出现以后，常常会有两种不同的声音，一种是欢迎、支持，另一种是恐惧、害怕。第三，我觉得很重要的就是商业模式的问题。我很早就在硅谷认识了陈宏[57]，陈宏那时候经常要接待赴美访问的中国电子工业部代表团，代表团的目的是采购苹果个人计算机，我们一起去中餐馆吃饭的时候，还讨论过商业模式这个问题。

当时没有别的商业模式,我们是技术的探索者,但是并没有深刻理解技术的力量到底有多大。那时风险资本的介入使亚信过早地转入了系统集成和软件领域。但是为什么风险资本会介入呢?因为这个领域当时尚难赚钱,愿意投资承担风险的人少。

我们没有做搜索,没有做内容,没有做电子商务,我们先做了网络基础设施。我觉得还是要坚持自己的理想和信念,无论遇到多大的困难,我们还是应该坚持做技术本身的东西。所以,我觉得做总结挺重要的,包括个人的总结、企业商业模式的总结,以及社会、政府管理方面的总结。

当时同行的伙伴们是什么样的状态?

* * *

大家都是摸着石头过河的状态。我们最早是对内容感兴趣。因为当时在美国那会儿,雅虎已经开始做内容，并且非常成功，我们本来想学着做。但是我们回到中国一看，那时国内连基本的网络都没有，所以改为做互联网的信息传送。1999年亚信准备上市时，我们又想回到做内容上。

这个事也特别巧，张朝阳最早回国本来是想做系统集成的，他办了个公司叫爱特信[58]。但是，张朝阳后来发现亚信系统已经做得很有规模，很难超越了，他转而做了门户网站。

丁磊[59]最早也做系统，做邮件。他来找我们合作，想让我们买他的软件，然后卖给电信。记得丁磊当时从广州给我带了两个大榴莲，我是北方人，也不知道那是什么东西，就一直放在我屋里了。后来我到美国出差，时间一长，榴莲都坏了，整个楼道都是臭味，但谁也不好意思说，因为是从我的办公室传出来的。

后来亚信跟丁磊的公司合作了一部分系统，因为我们自己也在这方面进行自主开发，亚信后来负责开发邮件的团队，就是现在做微信大获成功的张小龙的核心团队。

丁磊的公司上市的时候，让我去讲话，但我那时候在网通工作，就写了个寄语，没去现场。没去有两个原因：一是进了网通就不能跟自己的公司有联系，而且我又很忙；二是，虽然丁健他们特别希望我去，但那是丁健的舞台。我们真的就像好兄弟一样，我那天在上海酒店里从CNBC[60]上看到丁健的演讲，感动得热泪盈眶。

那时候我和张朝阳、丁磊、马云、曾强等几个人经常聚会，大家都比较纯粹，互联网早期真是挺天真的年代。

早期的互联网创业者还有一个很重要的东西，就是理想主义。我觉得现在带有理想主义色彩的人很少了，现在人们更多考虑的是商业计划，考虑回报。那时我们不懂商业模式，不懂怎么管理企业，不懂什么叫CEO，也不懂财务，但就是有热情。我就像祥林嫂似的，但我说的不是雪天的狼而是宣传互联网。

1994年夏天，我们从北京开始办巡回讲座。我跟丁健轮流讲好几门课，希望能通过不断地给更多的人讲课，把互联网的相关概念讲明白。后来我又开始写文章，还去中央党校给领导们讲课。

我有一个讲座就是给万通讲什么叫互联网。那时候万通很牛，在保利酒店租了好几层楼，我回国后就住在这个酒店，给他们讲课，冯仑、潘石屹都听过我的讲座。当时听我讲完后，冯仑特激动地拉着我的手说："田儿，你赶快回国吧，把这个带回国内，就如同瓦特带来了蒸汽机一样。"我一听有人能够理解"信息高速公路"这个概念，心里特别激动。

我后来给党校讲了很多课，前一段时间我碰到一个省委书记，他说："溯宁，你是我老师！"我说："我怎么成了你的老师？"他说："因为你曾在中央党校给我讲过互联网。"

那时候《工商时报》上经常发表一些重要人士演讲的文章。《人民日报》以前还发表过一篇文章叫《回故乡之路》,说这群海外的游子在国外找到了回故乡之路。作者是《人民日报》当时的记者杨振武,他后来是上海市委宣传部部长,最近又调到新华社当副社长,他也是当时采访我的记者。

肆 两大争论，三大经验

2002年，时任中国网络通信有限公司总裁的田溯宁远赴宁夏西吉王民乡，为穷乡僻壤的孩子们送去了宽带网络和电脑，此行更加坚定了田溯宁宽带技术报国的信念。

（供图：田溯宁）

光荣与梦想
互联网口述系列丛书

田溯宁篇

当下的自我与思考

伍 当下的自我与思考

你到现在还保持着阅读习惯？偏爱哪种类型的书籍呢？[61]

* * *

我从很小的时候就养成了良好的阅读习惯。读书已成为我生命中最重要的一部分，无论外界有什么事，**我拿本书就能安静下来。**我觉得读经典著作挺重要的，在大学的时候我就读了《物种起源》，后来也读过《战争与和平》等文学作品。我基本每天晚上睡觉之前都要读半个小时到一个小时的书，出差也要带上书。巴菲特[62]的搭档叫查理·芒格[63]，我跟他聊过，他一周能读七本书，每天读一本。

选择一些经典著作,阅读一些大部头的书,并且能够沉下心来读、反复读,这个习惯让我受益到良多,而且这是使人永远受益的一件事情。我们需要阅读一些经典的著作,因为大部分人类的知识,已经是经过积累的,你为什么不站在巨人的肩膀上?**知识的学习并不是那么简单的一件事情,你一定要经历阅读、思考、反复、批评,然后领悟的全过程。**而且,一本书是一种思想,在不同的时间读会有不同的领悟。

读历史方面的书籍也非常重要。无论是创业者还是在国有企业工作的人,都面临着非常多的挑战和压力。有时候你会觉得:这事儿靠谱吗?还能不能做下去?实际上你的生理和心理都会给你很多信号,让你想要放弃。如果你**多读史学书籍就会发现,并且能够深刻理解**:这不是你一个人遇到的事情,在历史的发展过程中,每个人都会经历某个特定阶段。而且你会有一种更深厚的感觉,就是对你所处的这个时代的判断会更加清晰,你会知道自己处于哪一个阶段。所以,

我觉得历史感是人们自信心的重要来源，也是能帮助自己做出清晰判断的重要因素。

在互联网发展初期，中国只有8000多个用户，但为什么我特别相信中国人能接受互联网？因为只要读历史你就会发现，这种历史的趋势浩浩荡荡，不可阻挡。哪怕有时历史会出现倒退，但还是会继续往前走，这是人类对知识的追求、对开放的追求，是人类内心的一些根本诉求。如果没有这样的历史观判断，人的自信心的来源就会有很大的问题。所以，我觉得历史感非常重要，不仅针对宏观的历史，也包括个人的奋斗史。为什么我觉得将来云存储记忆非常重要呢？当你把读过的书都记录下来，将你发的短信、写的每封信和每篇文章，以及你所浏览的网站都记录下来。隔两年之后回顾，你会发现你变得更加了解自己了。你对自己的了解和判断，实际上决定了你对未来的把握。

实际上，人们做事情的动机都来源于内心的信念，拥有坚定的信念是很不容易的。那信念来源于什么？它来源于很多方面，来源于对自己的了解，以及对这个时代的了解和把握。判断这些，我觉得最好的方法就是读书，读好书！ 它能够让我们对我们的过去、对人类的过去有更深刻的了解。因为对我们这个种群来说，共性远远大于个性。

另外，我觉得人应该善于交朋友，尤其是善于倾听。我是特别愿意交朋友的人，尤其愿意同有想法的人交朋友。通过与朋友的交流，你能够从别人那里获得各种各样的知识。知识的来源无外乎两个途径：一个途径是书本，许多大智慧者留下了很多有价值的东西，你要反复阅读；另一个途径是与真正有智慧、有创造力的人交流。所以，如果你交流的范围很有限，那么你就缺少了知识获得的一个重要途径。

就交流而言，我认为更重要的是去倾听，不仅要善于倾听，而且要鼓励别人去说。学会倾听、学会思考，然后让别人愿意与你分享。你一定要有这么几个朋友，无论是对人生的思考，还是对业务的评判，他们都愿意跟你分享，或者说你要有这样的能力，让别人愿意向你打开心扉。

你最近在忙些什么？

* * *

最近我主要在忙亚信私有化的事情。2014年2月我开始当亚信的董事长，这个职务耗费了我不少精力，但我还是希望能再干几年。亚信过去偏向于做互联网的建筑师，现在我们把亚信定义为产业互联网公司，要回过头去把互联网基因再拿起来，希望亚信能成为产业互联网的领航者。我们要把互联网的思维、产品、商业模式推广到各个行业中去。现在的大环境已经有很大的改善，我现在对做"云"很有自信。

过去互联网确实改变了消费者的行为,某种意义上,**互联网甚至比电还重要,因为它改变了各行各业。**我觉得中国最伟大的产业互联网时代开始了,中国可以在其间大有作为,我们应该抓住机遇,不能落后于别的国家。从产业化、消费的角度来看,未来我们应该把握互联网的生产力特性,全方位地推进信息社会的发展与进步。

拍摄于亚信私有化后。

光荣与梦想
互联网口述系列丛书
田溯宁篇

物联网时代需要想象力

你说物联网在中国会得到很好的发展，现在亚马逊和谷歌发展比较快，你预测未来会怎么样？[64]

* * *

中国的云计算发展得很不错，这方面和美国一样没有形成垄断。几年前大家开始谈论云计算，现在它已经变成了一个核心的技术架构的一部分。我觉得在这种竞争过程中，云计算的形态和商业模式会发生很大的变化。中国在这方面的发展有自己的特点，中国很多城市都在进行公有云、智慧城市方面的建设。很多企业也是如此，例如，华为现在正全力以赴进入公有云领域。中国的文化、政治体系都有着特殊的架构，这种架构能催生出独特的公司和独特的竞争力。

"云"是基础设施，它还没有形成完全的闭环。但是物联网有很大可能，或者说"万物+"很有可能。我们前段时间投资了一个做人工智能的公司，他们研究的传感器放在我们身上就能感知到个人身体状况，会提醒我们今天不能再喝酒了，并告诉我们如果再喝酒我们的血脂会发生什么变化。其实，人类最重要的创造还是致力于人类生命的延长和幸福指数的提高。传感器的应用是物联网很重要的发展。比如，欧洲很多热水器的更换过程特别麻烦，需要安装两三天，但将传感器放上之后，平时有小毛病时只要稍微修一下就好了。物联网的应用我们无法想象，再比如下面这个传感器应用于在瑞典牛奶产业的案例。根据鲜奶质量的不同，鲜奶用途也不同。鲜奶的第一用途是女性的化妆品，第二是鲜奶，第三是做奶粉。最好的情况是在奶牛产奶的时候就知道奶的质量怎么样，为此，瑞典企业发明了一系列的传感器，能很早地预知一头牛产的奶是高质量的还是低质量的。这个应用很生动，我觉得是要有想象力才能做到的。

资本的作用非常大，你自己也做投资，讲了很多物联网时代的场景，你比较关注哪些项目？你觉得机会在哪里？[65]

* * *

单从资本这个角度来讲，过去我们主要还是关注物联网外部的环境，因为安全很重要。我觉得这两年大环境会好一些，过去我们一直觉得网络基础设施没有建设到位，现在网络基础设施做好了，从投资回报角度来讲，做应用还是比较好的。所以，我们在探索怎么样能够利用好 NB-IoT[66]的网络，如果从赛道来看，涉及以下几个领域。一个是智能抄表，它对行业影响很大。当燃气表、电力表智能化之后，能源的消耗变成了可预测的、可管理的。现在这个领域已经有一些创业公司在涉及了，而且效果也是很不错的。另一个领域就是智能安防，这个领域也已经有一些创业公司在探索了，主要因为 NB-IoT 的价格越来越便宜。每栋大楼里都有消防水池，水量的多寡难于自动感知，但如果放置了一个水量传感器，就可以清楚地掌握所有水量的情况。这些应用都已经开始实施了。

目前来讲，大部分的应用还会遇到一些瓶颈，比如，产业链不太完备，以及模组的标准化问题。模组这个技术不像人工智能那么火热，但是人工智能目前也尚处于投入、投钱阶段，还没到创收的阶段。从资本角度来讲，需要在基础创新方面做一些组合。

总的来讲，从宽带资本角度去看，我们比较关注以下这几个领域。第一个是新一代 B2B[67]软件，这是企业级的软件，比如我们投资的云智慧，这个领域很多公司已经涉及了。第二个是网络安全，包括数据安全、云安全、网络安全。第三个是物联网的行业应用和数据处理，近年来我们看到物联网的行业应用变得越来越重要，B2B 领域的机会还是很多的。我们刚刚投资了一个做供应链管理的公司,这在中国还处于起步阶段。

(本文根据录音整理,文字有删减,出版前已经口述者确认。感谢骆春燕、李宇泽、陈军红、刘伟等人为本文所做贡献。)

田溯宁推荐的书[68]

[美]戴维·帕卡德,《惠普之道:比尔·休利特和我是如何创建公司的》

[美]詹姆斯·格雷克,《信息简史》

宋石男,《伟大的旁观者:李普曼传》

[美]罗纳德·斯蒂尔,《李普曼传》

[美]彼得·德鲁克,《旁观者:管理大师德鲁克回忆录》

[美]理查德·罗兹,《原子弹秘史:历史上最致命武器的孕育》

语 录

○ 伟大的企业一定要有很强烈的使命感,有信仰,从诞生那天起就要有做优秀企业的基因、冲动和信念,有非常广阔的视野,能从全球化的视角审视自己,这样才能承担起互联网推动中国现代化建设进程的使命。[69]

○ 灌输企业文化,越早越容易。[70]

○ 大家都需要知道新的构思不会一步到位,只有通过足够多时间的摸索、探索,才有可能实现。[71]

○ 我有一个坚定的信念:宽带就是这个时代的"蒸汽机"。人们对带宽的追求就像对速度的追求一样,是永远无止境的。[72]

语 录

○ 我们最大的敌人可能是我们的想象力,而且我们拥有了想象力之后常常没有勇气放弃过去的包袱,放弃过去的偏见。能不能拥抱这样一个时代,能不能在这样的时代里创造伟大的企业,我觉得这不是一个简单的决策问题,而是看在你的价值观、你的人生哲学里,是否有这样的一种诉求。我认为,从中国的历史来看,或者从中华民族复兴的历史来看,这个序幕刚刚开始,未来30年更加关键,我们都是技术创新的受益者、热爱者。这场序幕背后还有大戏,这个舞台还要我们一起参与这场演出,我觉得精彩的演出还在后面……我们人老心不老,要有50岁的智慧、18岁的心态,去拥抱这场变革。[73]

○ 未来企业要有企业的"智商",这个企业的"智商"就是能够不断地获得整个社会的数据,并通过对这些数据进行加工和提炼,造就企业的第二个大网。[74]

○ 成功的时候,一定要想想你会失去什么。[75]

链 接

2016年,张树新与田溯宁对话[76]

2016年亚布力中国企业家论坛第十六届年会于2016年2月19日至21日在黑龙江省亚布力镇召开。中泽嘉盟投资基金董事长吴鹰、宽带资本董事长田溯宁、金沙江创投董事长丁健与联和运通控股有限公司董事长张树新上演了一出"老友记"。以下节选部分张树新与田溯宁的对话。

张树新:传闻中亚信有一次在美国招聘留学生,说只要把"Internet"这个单词拼对了,就能来亚信。有这事吗?

田溯宁：是真的，不过当时是要拼写"TCP/IP"这个词的全称。一说到互联网，我也想到了一些画面，我第一次与丁健见面是在一个会上，那时候我在学生态学，利用互联网做科学研究，并在海外成立了一个生态学俱乐部。我就和丁健说："我们有一个生态学非营利组织，你能不能捐款？"一般人会当下说可以，隔一段时间再另说。而丁健当时就写了支票给我，实际上他那时候也没什么钱，但他这个人很热心。

我们最早是在科研领域用互联网，但是互联网对我影响特别深的是在国外下载文章的时候。当我看到丁健参与的《华夏文摘》杂志的中文内容在互联网上被显示出来时，我就非常有热情（当时中文互联网还没有出现，《华夏文摘》是第一份中文电子刊物）。而且我有一种使命感，想着什么时候能把这种技术带回家，带回到有13亿人口的中国，让这样古老的文字在网络上显示出来。这是一种很情绪化的因素，我觉得比起商业的永动机，感情因素的作用更大。

张树新：我特别希望你讲讲网通对中国电信改革的历史贡献。

田溯宁：现在不太适合讲，我想换一个角度讲讲。一场变革改变了方方面面，回顾过去，有一种激励的力量。我印象特别深，那时候在中关村有一个特别有名的口号：中国人离信息高速公路还有多远？向北1500米。（这是张树新做的）我每次看到这句话都心潮澎湃。

当时互联网技术的核心硬件是路由器，做得最好的公司不是思科，而是BBN。我们今天用的互联网"@"就是BBN发明的。

回想那时中国对互联网的理解，有恍如隔世之感。我曾经在一个省给领导们讲"什么是信息高速公路"，讲课后他们让我写报告，总结信息高速公路对较落后的省份的意义。当报告交给一个副省长后，副省长批示：信息高速公路很重要，请公路局办理。大家想想，整个世界的变化有多大，这个事情距离现在只有二十几年而已。

后来有一个同事问我在资本低潮的时候对外界有没有信心。我对技术的创新非常有信心,因为曾经经历过这个过程,无论当时社会对新事物的看法多可笑,我都相信技术创新的力量。只要这个东西便宜,能解决人们根本的痛点,同时有理想主义在里面,它就可以成为不可阻挡的力量,去改变社会,改变我们的生活。

张树新:我特别想问问溯宁,做实业和做投资最大的差异是什么?感慨是什么?

田溯宁:感慨挺多的,用最简单的一句话概括就是:做实业时,你会希望长期坚持做好某个事情;做投资时,心中要有时间的尺度,你要考虑什么时间退出。这看似是一个简单的事情,但是对你的观念、心态和决策都是非常大的挑战。

现在我除了做实业投资,还把亚信私有化了。丁健和我在谋划如何让亚信重新赶上互联网热潮。

张树新：用这些钱投一个新型企业，实际上价值比这大得多，你们算过吗？

田溯宁：没有算过，或者现在算还嫌太早。从投资的角度来讲，对于我们几位来说，这些年一个很重要的特点就是能保持着好奇心。做投资，必须与最强的大脑、最新的技术相连。对我们来讲，过去很幸运，尝试过创业，公司也上市了，我们跟上了这个时代的发展。一个最容易满足或者产生惰性的群体就是我们，我们要跟不好奇作战，跟我们的年龄作战。保持好奇心，是一件不容易的事情。投资是最好的动力，因为你与最强大脑在一起时，永远有青春的感觉，你要思考、要想、要保持学生时代的状态。这是我这些年做投资得到的对我的人生非常好的回报。

张树新：前 20 年第一个版本的互联网实现的是人人互联，现在用什么联不重要，可能是手机、电脑，未来有可能是纳米机。至于你和什么联？下一个版本的互联网是什么？基础设施是什么？会有什么应用？

服务模式有什么？

田溯宁：最近我在读美国工业革命历史方面的书籍，前一段时间看了电力和航空工业部分，电力时代的伟大事件是出现了电力，是社会的新的文明。

张树新：100年前因为电话的发明，摩天大楼才能真正使用。原来摩天大楼传递消息是靠传递消息的小弟，后来电话的发明使得摩天大楼越建越多。摩天大楼的发明、电话的发明、打字机的发明使女性更多地担任工职，女性可以在办公室做白领。因为女性密紧地开始工作，所以开始有了职业服装行业，工业时代就是这样开始的。

田溯宁：信息革命对人类的贡献还是非常大的。工业革命使人类的寿命延长了，因为发现了抗生素、免疫系统。而关于信息革命，我的观点是，未来20～30年是信息革命最激动人心的时候，现在才刚刚开始。有可能在每个人刚生下来时，生理数据就都能被记录下来，大部分的疾病都可以被预测。

张树新：基因可以被编辑修改。

田溯宁：未来教育可能会非常个性化。今天的教育是工业化方式的，所有教育都有考试。只有个性化教育被普及时，才会出现更多像爱因斯坦这样的人。信息化、物联网、大数据等对人的改变才刚刚开始。而 IoT（物联网）时代的数据会是怎样的呢？操作系统会是怎样的呢？今天所有的东西都会发生根本的变化。未来 20～30 年，怎样用信息技术让人类文明更好地进步，让生命质量更好地提高，让教育成本不断下降，让知识更好地普及，我们这一代人能够见证和参与这些改变。每次想到这里时，我都会充满激情，而且感到未来才刚刚开始。

张树新：我前两天见了一位生命科学方面的专家，他说真正的大数据时代还没有开始，因为最大的数据是人体数据。人体所有的生理数据被实时地监测，实时地编辑和实时地统计，并对应到基因组织的检测报告中。而今天所有互联网上的"云"，其实是不支持这样的计算的，我不知道溯宁怎么看？

田溯宁：去年家里有位老人身体不好、住院了，我在医院陪了很长时间，所以我的体会非常深。今天医院的数据处理能力还比较差，CT、核磁共振是静态的，数据没有被比较、存储、处理，如果能够把今天所谓的医疗诊断数据做动态记录和量化比较，那么通过大数据对疾病精准预防的潜力会十分巨大，这才刚刚开始。

到底数据量有多大？从目前来看，我们很难想象未来。前一段时间我看了个人计算机历史的回顾文章，觉得特别有意思。当时，人们追求的是存储量。后来，人们又开始追求数据。人们的需求一直在不断升级。未来也一样，人们的追求是永无止境的。今天一个很大的问题是，当我们有大量数据的时候，传统计算工具能不能对它进行有效地存储、分析、处理？这是巨大的挑战，也是创业、创新很大的机会。

附　录

回顾过去的八年[77]

田溯宁

（于2009年）

曾经有一个朋友对我说："你想想自己的经历，从个人创业到后来进入国有大企业，这个阶段的大背景是国有企业改革和互联网革命。后来你又从国有企业中离开，当你离开时，相对的大环境也发生了很多变化。这样看来，你个人的经历跟时代的变化有着很大的关联。时代变迁的同时，个人也在这个过程中不断成长。你们这些人应该好好总结一下，因为你们这些被命运或时代挑选出来的人的经历，都在有意无意中同时代发生关联，同整个社会产生互动。"今天我刚好有机会可以按他的要求对过去的八年做一个粗浅的梳理和回顾。

互联网与我这八年

如果从我个人的角度来看，整个中国社会过去八年的变迁，我会把技术作为很重要的一个主题。

从我、丁健和其他伙伴一起开始创立亚信时，我就一直认为互联网是推动中国现代化的重要力量。互联网能够让所有人共享信息。从亚信进入网通，当时一个非常重要的动机就是带宽不够，互联网很难普及。如果想要承载更多的信息，就需要增加带宽，当时大家使用的拨号入网方法也要相应变成永久接入的模式。要实现这个目标就需要铺设更多的光纤，需要建立所谓的有竞争力的电信公司。这个过程发生的同时，也是全球化和世界进一步扁平化的时期，在中国则与中国的国有企业改革进程、建设新型国有企业方案的提出和股份化呼声相伴随。这时候我来到了网通，参与了它的创立。那时候电信行业中的企业想要建设我们需要的基础设施和带宽，能实现这一理想的企业至少得是一家具备很强的国有色彩，而且要有很强的政府部门支持的企业。当时有四个部委作为我们的投资者，如果没有那个平台，这种理想要想实现是非常困难的。

我离开网通的时候，宽带已经成为大家的一种共识，互联网已经成为我们生活中不可分割的一部分，中国也成为世界上互联网用户数量最多的国家。离开网通之后，我更多的时候在想，在带宽足够了之后，怎么样能够把应用放进宽带里？我们现在的应用大部分是 IT 行业本身的和信息相关的各种应用，但是我们需要有进一步的应用。由于有了今天这样无所不在的宽带，下一步重要的应用应该体现在各个行业的基础设施方面。比如，我们今天修建的公路、铺设的电网，都是一个非常简单的、没有真正"网络化"的网络，没有把信息放进去。再比如，你用了多少电，电的使用效率怎么样，这些信息没有很好地被记录。高速公路网络也没有一个中央信息处理系统。在有线和无线的环境中，把各个传统行业尽量信息化、网络化，是推动中国进一步现代化的重要力量。

由此，我个人所扮演的角色也发生了相应变化。我觉得到了使用投资手段来推动应用多元化发展的时候了，这也是比较成熟的想法。做应用推动时，使用什么方法最有效？最有效的方式还是使用资本加上股权及你所能带来的技术。在这种情况下，一种方法是去创办一家公司，另一种方法是通过投资去支持一系列企业，然后你投资的这些公司彼此也能互相支撑。

只是我没有像外部很多人所想的那样去思考问

题：是不是田溯宁作为一个企业家在进入了政府的企业，成为一个庞大机构的一员后，由于各种政策环境的变迁和对这种庞大机构的不适应，又离开了政府的企业？我倒是觉得，我是很实际地一步一步走过来的，而且每走一步，起点好像都不一样，就好像走完了一圈又从头开始。但我认为真正具有企业家精神的人，应该有这样的考虑：你是在为这个行业的不断发展，从不同的角度去推动它的前进。在推动这个行业发展时，你所采取的形式，可以是创办一家公司，可以是担任不同的职位，可以是从企业家变成政策制定者，也可以是在不同的阶段踏上不同的平台。

我个人的经历和平台的变迁，是从网络的建设者到网络的运营者，再到现在的网络应用的推动者，通过我所投资的公司的组合来促进宽带网络进一步的变革。这是我八年的变化。

在我迈出的三步和我角色的三次变化中，我在开始时都有一些困惑与疑问。但我觉得可能每个阶段——如果你想做一个真正的企业家的话——都应该具备一种属于你自己的坚定的信念和理想,能够以一种非凡的勇气不断从头做起。从这个角度而言,我始终在不断反省自己。

走出历史假期

至于中国在过去八年的繁荣,是由什么因素驱动而成的,我个人的思考很有限,而且完全是从自己的角度来思考的。过去八年的繁荣,对中国来说,是由一些特别的机会促成的,能够抓住这些机会,我们受益于下面三个因素。

第一个是全球化,全球化使世界第一次有了这么明确的分工,有了生产者和消费者在国家之间的分离。中国成为全球化最大的受益者,并以前所未有的速度发展,普通中国人的生活水平也得到很快提高。在冷战之后,全球化进行了将近20年的铺垫和演进,到今天我们突然发现世界真的实现全球化了：可口可乐可以卖到莫斯科，也可以卖到北京；中国的衣服可以卖到纽约，也可以卖到非洲很偏远的国家。这样的全球化突然造就了全球市场，而这个全球市场需要中国制造的既便宜又好的产品。从宏观上考虑，这说明在经过全球化的几十年的积累之后，我们开始收获全球化的红利。

第二个，我觉得很特别的一个因素是IT。一个国家的发展赶上这样一个技术变革的年代，这在人类历史上也不是一个很常见的现象。我们赶上了IT从发明到真正应用的年代——实际上IBM的主机是在20世纪50年代出现的，但是全球无线通信技术、互联网通信技术是在20世纪90年代末才真正被应用起来的，也就是过去的八年时间。全世界大部分的人，发展中国家也好，发达国家也好，都从中受益，尤其是中国。中国可能是它最大的受益者，我们不再用信件、传真，而是用电子邮件。我们再也不需要为一个电话而排队，而是用手机。无所不在的便捷通信，让整个中国的生产效率极大地提高了。

第三个特别重要的因素是美国的信贷。它使美国的消费能力不断地吃进中国的生产能力，让它可以提供更多的资本。

这三个因素是重要的发动机。当然这里面也有中国制度的开放、中华民族的智慧与勤劳、中国企业家精神的出现等因素，但是我觉得这三个因素从很多角度来讲，都让我们在历史的进程中处在了一个特别的时期，而不是一个历史演进中的常态阶段。我们可以想象一下，有多少次这样的历史机遇：人类投资 30 年的技术被中国赶上而且正好应用得上；能够赶上全球冷战时期结束，全球市场形成了对产品的空前大量的需求；与此同时，这个过程中又有这么便宜的资本——一个超级大国在不断地印钱，中国也成为了某种程序上的受益者。所以我觉得，过去八年是我们正好碰上的历史上的一个尤其特殊的时期，未来我相信不会再有这样的特殊时期。将来我们也许要过苦日子，也许也真正需要自己承担起责任，因为不可能再有过去八年的特殊机遇。在这种情况下，我们能不能做出更大的制度的改变，就像过去全球化的推动力一样，把内需和外需都极大地释放出来，这种想象力需要企业家和政治家共同的智慧和努力。

所以，我个人认为这八年的成果是难以复制的。有人讲历史也有假期，我们的历史可能就放了一个长假期。现在这个假期结束了，我们要想想怎么去好好补课，别把自己给放散漫了。中国的社会、企业和企业家都像一个小孩子，你看小孩子放完暑假回来上课时，心收不回来了，本来是好学生，也会变得状态散漫。

人生模式上的创新

这八年的变化伴随着很多中国企业家的成功，包括像《经济观察报》在内的市场媒体的成功。企业家的成功是出人意料的。我们早期创业的时候没有想到，作为一个创业者，我们能够有今天所谓的社会地位、权力、财富和影响力。对于一大批个体而言，这种空前的成功同中国这八年戏剧性的变化是相关的。今天，无论是在互联网领域，像百度、阿里巴巴这样的公司，还是在其他领域，可以说几乎各个行业都涌现出了一批杰出的企业家和杰出的公司，比如，招商银行、网通等。作为这样一个新兴的阶层，企业家在这八年的时间中，在这么短的时间内，能够取得如此引人注目的成功，中国经济的增长大势是很重要的一个原因。

但另一方面，也是从我自己的角度提出的问题：取得所谓的成功以后接下来要做什么？成功之后是小富即安，对今天的财富和地位非常满足，还是垂头丧气，陷于对制度的抱怨和对未来的不可确定性的恐惧之中，又或者是考虑能否利用今天的成功、影响力和资源，去做更多的事情，去拥有更大的梦想？这是我一直在思考的东西。

附 录

仔细看我们这代人的发展,非常有趣。如果把目光向前看,你会发现,我们其实是完成了人生模式的很大的创新。有一次,我跟泰康人寿的陈东升聊起这个话题。在早期的时候,我们这代人的目标都是想当政府官员或者大学教授,这是我们中的很多人在二十岁之前为自己选择的人生模式。后来我们否定了自己。我自己在三十岁之前的人生目标就是要当科学家。后来,我自己把这个目标给否定了,就等于是一种人生模式的巨大变迁。在那个时候,这种变迁要求你拥有非常大的想象力和勇气。除此之外,你几乎什么都没有。你没有资本,没有平台,没有任何影响力,只有一个让所有人听起来都像是天方夜谭的东西。还是以我自己为例,那时候,我在美国学的是草原专业,如果我跟别人说我要做一家公司,而且还是一家互联网公司,或者我说若干年后我要去做一个投资者,这在当时别人听来,简直是狂想。其他人也是这样,张朝阳当时读的是物理学的博士;陈东升学的是政治经济学,后来去了外经贸部做公务员……你要对自己所有的想法进行否定,这种否定在当时看来是天翻地覆的做法。在那个时候,这代人身上具备什么?勇气、想象力和对梦想的追寻。实际上仅仅依靠勇气和想象力,我们就完成了所谓人生模式的转变,同时在这个过程中实现了个人对企业、对社会的价值。

但是现在我感觉我们这代人遇到了一个很大的问题。当然,我们现在遇到了很多挑战,大家会说改革遇到了问题,甚至会说我们碰到了经济危机,在世界经济周期性调整的过程中遇到很大的挑战。但是在我和周围的朋友交流之后,我觉得更大的问题是,很多人丧失了勇气和对梦想的坚持。我们如何能够重新唤起我们那个时候的梦想和勇气?八年之后的今天,我们怎样继续保持自己的理想?怎样鼓起勇气去探寻未来可能仍存在的飞跃时光?这些都是很大的问题。

价值观和持续发展的动力

最近一段时间，对我个人来说，我也开始重新审视到底自己的梦想是什么，到底自己热爱的是什么，是简单的财富还是权力、地位，或是其他东西。我想，最后你会发现给你带来所谓满足感的，是为理想的奋斗及其过程，而不是在这个过程中给你带来的符号——无论这些符号是权力也好，财富也好，地位也好。如果你发现了这点，你可能就会找到持续奋斗的价值观和力量源泉。这个发掘过程特别重要。

我近几年来的经历，主要是花很多时间去同各种人交往，我也有意选择参加不同公司的董事会，想了解一下不同的企业、不同的人怎样持续不断地发展，怎么样能够获得持续不断的动力。我去跟李嘉诚老先生交流，或是向不同公司的董事会学习。比如万事达卡，它是完全西方化的跨国企业，在 143 个国家设有分公司，但是没有主要的股东，我了解了它是靠什么动力来持续地发展。我也做过像联想这种公司的董事会董事，联想集团已经开始全球化，我也了解了它的发展动力是什么。我也参加过泰康人寿的董事会，泰康人寿有着很典型的中国公司的成长过程，有很强的家族色彩。还有就是亚信，我回归到亚信，重新去看自己参与创立的企业。我做了很多的思考、总结和比较，也看到像李嘉诚先生、默多克先生这样的长辈们是如何去做的，也会去和他们交流这些问题。从另外一个角度来讲，无论是唤醒身上的企业家精神也好，或者去寻找一种让你持续不断的动力也好，我觉得这样的总结和思考，对你重新确定价值观，重新唤醒自己的理想和勇气来说，是非常重要的。

像李嘉诚、默多克这些人身上持续的动力从哪里而来？我思考的结果是，虽然不同的文化、不同的背景会有很多不一样的东西，但我个人觉得根本的价值观是一致的。而且，很多价值观跟童年时期的经历有关系。童年成长的经历塑造了你最基本的一些生理上和心理上的规则。你的怕,你的爱,你要逃避什么,你要追求什么,往往都跟早期的一些经历有关。身处不同的背景、不同的文化,每个人的经历都不一样,但我觉得至少有一些是基本共通的东西。中国梦想和西方梦想,或者说美国梦想,看起来有很大的不同,尽管如此,它们也有很多相通的东西。我们这些人小时候受到过很多价值观教育。首先是英雄主义,要"时刻准备着",这是20世纪60年代以后出生的人身上非常强烈的精神气质,我们幼时的楷模是邱少云、董存瑞,我们要勇于为国家牺牲,要把自己的命运和国家的命运相结合。到了改革开放之后,科学技术变成了很重要的精神追求,我们要成为杨振宁、李政道、陈景润那样的人物,我们要追求科学真理。每个时代都有每个时代的口号。《钢铁是怎样炼成的》对我们的影响颇大,我们的楷模曾是保尔·柯察金——"一个人的一生应该这样度过,当他回首往事的时候,他不会因为虚度年华而悔恨,也不会因为碌碌无为而羞耻。

这样,在临死的时候,他就能够说:我的整个生命和全部精力,都已经献给世界上最壮丽的事业——为人类的解放而斗争。"这样的价值观有意无意地成为我们精神和思想的组成部分。再后来,等到了科学的时代,所有的口号都是"在科学的崎岖山道上攀登"之类的语句,这就是那个时代的价值观。

我以前听过营养学的课,教授说,人的味觉基本是在 7 岁以前形成的,所以很多在国外出生的孩子就喜欢汉堡包,我女儿就是这样,而我自己更喜欢吃炒米饭、饺子。人生也有很多类似的东西,在你年轻的时候形成了你的爱、恨、好、恶,并将影响你成年后的经历,这种东西,你很难逃避,也很难改变。我在考虑,这些东西最后会产生怎样的影响。李嘉诚先生跟我讲,他小时候常常需要躲避日本飞机的轰炸,会有很强烈的不安全感。他身上有一种情怀,即在殖民地环境下要为自己博得一份尊严。还有一些企业家,例如史蒂夫·乔布斯(Steve Jobs),在他们的成长环境中,他们的理想就是有一天要做出改变世界的东西。

当他第一次做出个人计算机的时候,他不会说这就是一个机器,他会说这是一个改变世界的工具。默多克先生曾经跟我说,他年轻的时候,在自己的房间里挂着列宁的画像。这是很奇怪的一种精神交流——一个澳大利亚报业大亨的儿子和一个共产主义思想的创始人。我们在年轻的时候接受的是英雄主义教育,如黄继光的故事等,我相信这些东西之间有很多共通之处,牺牲精神或献身精神是一个优秀的企业家所必须具备的——你的事业要大于你自己。否则,你到了一定时候、一定阶段为什么还要做公司呢,毕竟你的财富欲望已经被满足。

而且,我觉得我们追求科学的精神与西方一些企业家对产品的追求也有很多相似之处。我记得我见史蒂夫·乔布斯的时候——后来我跟他专门见了一次,谈了很长时间,他看到我的手机就拿过去,不断把玩——就在想:他对设计的追求能到什么程度?后来我认识苹果公司一个做设计的人,他对我说乔布斯对设计的精益求精是超过任何人的。我觉得这种精神是和科学精神有关的。我在逐渐挖掘我们这些精神上的价值观，并努力寻找这些价值观能够跟当下关联的地方。把这些价值观理顺之后，你就会逐渐发现你到底是什么，从何而来。当然，这个过程还没有完成，可能还需要八年，但是这种思考我觉得非常重要。

如果我们回顾过去的八年，或者将时间线拉到更长，去回顾改革开放30年，是什么让我们从那里走到今天？在政治家中，有像邓小平这样开明的改革派，主张改革开放；那对于企业家来说呢？无论是那时年广久先生做的"傻子瓜子"，还是早期我们要把互联网带到中国，其实每个时期都有许许多多这样的人。当时的精神价值，应该逐渐被人们反思，在今天被重新唤起，而且需要变得更加坚定。因为这个阶层在今天的影响力、财富和地位相比以前都有了长足进步。你要把自己的影响力、财富和地位用在什么地方？是买大房子、私人飞机、奢侈品，还是用于更大的目标上，让自己处于不断追求的过程中，不断地去自我实现呢？如果选择后者，那么当你年老的时候，你会觉得自己不是碌碌无为，而可以说把自己的一切献给了这样一个事业。这并不是为了一个更了不起的目标，而是让我们晚年能够得到安宁，能够觉得自己经历过了一个非常积极的人生。我自己也在经历这样的思想过程：为什么我还要再去做事情？为什么生活可以有很多选择的时候，我们还是选择继续做现在的事情？我认为这可能就和价值观有关系，和责任感也有关系。人们实际上需要这样一种回归，需要这样一种思考，需要这样一种对自己的批判。这样的一个过程就是重塑价值观和重塑信念的过程。

同时，人们也需要一个团体的互相鼓励。人是群体动物，如果没有一个主流的东西使大家可以互相支撑、互相欣赏、互相帮助、互相促进，大环境也会出现问题。今天如果享乐的文化成为主体（当然，享乐不是绝对的恶，你创造的一部分财富是需要用来享乐的，但是它不能成为一个你365天都在做的事情），而不是以创造和创意为核心，这个社会就会出问题。比如，世界TED年会——我的一个朋友推荐给我的，这个会议是"创意的节日"（Idea Festival）。那里有很多成功者，他们花三四天的时间在一起共同创造各种疯狂的思想。比如，如何释放大脑的潜力，如何进行私人的航空航天飞行，如何生活在一个没有汽油的世界里等。参加者都已经足够成功，或者有了足够的权力，是什么让他们还能够不断追求？我觉得是一种创造的欲望和对未来的追求。

从过去很多的科学精神中，包括探险精神，我们也能够看到这种追求。我前两天去菲律宾开会，就在想：那个时候麦哲伦是怎样到这个岛上又被土著人给杀掉的？我还曾经在新西兰看到一条船，他们专门有个实践项目，你可以像哥伦布那时一样，花两个星期时间在波涛汹涌的海上航行，模仿哥伦布当时的生活。人类如果没有这种精神，新大陆就不会被发现了。当然他们有各种各样的目的，例如，商人和探险家有追求财富的目的，科学家有满足好奇心的目的。但是我觉得一些根本的东西很重要——根本的好奇心、根本的创造精神、根本的对财富的需求。比如洛克菲勒，他认为是上帝让他追求财富，然后他把财富更加有效、更加公平地用于公众和社会。而在中国一个很重要的动力是对民族的责任心，这是儒学的重要传统。

商业需要理想主义和创造力

有时候"理想"这个词给人的感觉很不好。因为"理想"在汉语的语境里往往是与空洞和悲剧相关联的。但是,在一个国家现代化、信息化的发展过程中,积极的和持续向上的精神力量非常重要。在这个过程中,应该有一种所谓的楷模的力量。这些人在这个时代成功了,被社会所尊敬,能够持续地完善自我,不断给予社会一种积极的价值观,不断传递出乐观向上的信息。我觉得这特别重要。尽管每个时代都会有与众不同的要素,但是理想和楷模始终被尊崇和需要。

我们这代人的世界观,被幼时接受的英雄主义教育,以及后来对科学精神的追求所塑造。而我们的下一代,包括现在的年轻人,他们的世界观将会由我们塑造,或者说我们在其中扮演很重要的角色。在这个不断的、越来越彻底的商业化过程中,我们应该给予他们怎样的影响呢?

相关人物

"互联网口述历史"已访谈以上人物,其"口述历史"我们将根据确认、授权情况陆续推出,敬请关注!

访谈手记

方兴东

田溯宁，我们习惯叫他老田。他最大的特点是始终满怀激情，对于互联网有着文学青年般的热忱。

在中国互联网界有情怀的人不少，但是能够20多年如一日，一直秉持这种情怀的人绝对是凤毛麟角。而田溯宁就是其中之一。

田溯宁对互联网口述历史的支持，可以说超过了任何一个人。他帮忙引荐人、邀请人，帮忙争取杨致远和霍夫曼等海外人士的支持，可以说是不遗余力的。总之，在遇到困难时，我会首先想到他。当然，很遗憾地说，要不是亚信私有化，他自己重新担任CEO，重新背负上了一个巨大经营压力的重担，他可以帮着出更多力气。

虽然我们如此熟悉,但是田溯宁的这次访谈却是最仓促的访谈之一。我们见缝插针、临时约定的时间,是在他的两个会议之间,在一个酒店的大堂架起机器,周围环境还是嘈杂的。还好,在其他的几次访谈中,他讲述了很多精彩的成长故事和创业细节,所以我们也都一一加入其中,丰富了内容。

这么多年来,老田仿佛就是一个永动机。他的日程表永远是一个会议接着一个会议,一个事情紧接着一个事情,永远是满满的。

1999年,亚信先于"三大门户"网站上市,开启了中国网络概念股的大潮。之后我也多次和他商谈,有时是去他的办公室——从白颐路理工大厦到今天的亦庄,有时是在他短居的酒店,甚至是在巴塞罗那移动通信展。话题很多,有关于口述历史的,也有关于互联网实验室的,还有关于业界趋势的。他就像一位平和的兄长，没有架子，充满关心，始终激情。当然，他始终是被时间追赶着的样子，从没有胜似闲庭信步的时候。

因为接触得频繁，快20年来，我们已经很难察觉到他身上的变化，他好像始终是一个样子。他的人文情怀，他的投资热情，他对于云计算、大数据和人工智能等前沿技术的倾情关注。

当然，老田创办的亚信没有成为中国互联网界名列前茅的企业，老田投资的项目，也没有成为类似BAT这样超级成功的项目。老田沉重的电信业思维及家国情怀，其实根植于他的内心深处，某种程序上影响了他的投资和商业取向，就像他当年能够毅然放下自己的亚信事业一头扎进了体制内的网通一样。同时，在多年之后，他又主导了亚信的私有化，主导了亚信的全面转型。这种超越，这种撸起袖子干又苦又累的"重体力活"的决定，显然不是一个"商业利益最大化"

的最佳选择。

但是,这就是老田!他就像一个勤劳的农夫一样,在互联网这块田地上,每天起早贪黑,乐此不疲。作为一个商人和投资者,他明显地缺乏那种对金钱和财富的极度饥饿感。他的情怀、他的理想、他的激情,无疑在某种程度上遮挡了他的视野、分散了他的商业敏锐度。但是,他对于新技术的变革、互联网的社会影响,对于创业者的支持,对于技术改变中国的理想,是在很多成功者身上难以看到的。

我们很欣赏那些互联网领域的超级成功者,但我们内心更喜爱老田这样的朋友、投资者和马不停蹄的驭手。因为在心与心之间,我们没有距离感。

我们的互联网口述历史项目只要有他的存在,即使他不做什么、不说什么,对我们来说,就是一种潜移默化的、始终存在的支持。这种力量弥足珍贵。

图为方兴东采访田溯宁当天的访谈笔记（部分）。

人名索引

本书采用随文注释的方式。因书中提到的人物较多,一些人物出现多次,只有首次出现时,才会注释。为方便读者,特做此索引,并在人物后面注明其首次出现的页码。

C

查理·芒格(Charlie Thomas Munger)………077

D

丁　健……………………………………………030

人名索引

F

法入科·侯赛因…………………………036

冯　波……………………………………052

G

龚定宇……………………………………047

郭凤英……………………………………047

H

胡　泳……………………………………066

韩　颖……………………………………062

L

李长胜……………………………………033

李·亚科卡（Lee Iacocca）……………018

梁志平……………………………037

刘亚东……………………………034

刘耀伦……………………………032

刘韵洁……………………………064

M

茅道临……………………………052

P

潘石屹……………………………057

S

宋　强……………………………028

人名索引

孙　强……………………………044

T

图　雅……………………………027

W

王　安……………………………021

王功权……………………………043

王晓初……………………………046

王志东……………………………066

温特·瑟夫（Vint Cerf）……………………036

沃伦·巴菲特（Warren Buffett）…………077

吴　军……………………………033

X

谢　峰 …………………………… 046

Y

严永欣 …………………………… 027

野永东 …………………………… 064

Z

张朝阳 …………………………… 066

张树新 …………………………… 066

张云飞 …………………………… 027

赵小凡 …………………………… 039

赵　耀 …………………………… 045

人名索引

曾　强…………………………………066

左　峰…………………………………038

邹左军…………………………………020

参考资料（部分）

[1] 腾讯科技. 科技人物库：田溯宁[EB/OL]. http://datalib.tech.qq.com/people/234/yulu.shtml.

[2] 韩晓萍，邢林池. 田溯宁：网通构建中国的 E 基础设施[EB/OL]. http://tech.sina.com.cn/it/2000-07-11/30356.shtml.

[3] 刘韧，李戎. 中国.COM[M].北京：中国人民大学出版社，2000.

[4] 易冰. 第一个球进了，就会有第二个——田溯宁[EB/OL]. http://www.yesky.com/20010929/1420264.shtml.

[5] 丁健. 梦在祖国（归国创业）[EB/OL]. 人民日报海外版. http://www.people.com.cn/GB/paper39/11407/1029836.html.

[6] 张亮. 田溯宁：一个创新主义者的长征[J]. 环球企业家，2005（12）.

[7] 尹生. 对话田溯宁：亚信是我人生很大的一个满足[J]. 中国企业家，2006（2）.

[8] 赵民. 田溯宁：在美国研究草原上的狗尾巴花. [EB/OL]. http://blog.sina.com.cn/s/blog_4760d1e001000b4t.html.

[9] 苏小和. 田溯宁：舍得之魅[J]. 南方人物周刊，2007（32）.

[10] C114中国通信网. 2008年3月11日."高层语录"前网通CEO田溯宁[EB/OL]. http://www.c114.net/persona/390/a265537.html.

[11] 田溯宁. 田溯宁：八年，如何重寻想象力与勇气[N]. 经济观察报，2009-04-17.

[12] 优米网. 在路上之田溯宁：把宽带带进中国，让宽带改变中国[EB/OL]. http://chuangye.umiwi.com/2012/0116/56658.shtml.

[13] 中云网. 田溯宁：大数据的投资架构[EB/OL]. http://www.china-cloud.com/yunrenwu/tiansuning/20121025_15786.html.

[14] 财经网. 田溯宁：最大敌人是缺乏想象力[EB/OL]. http://misc.caijing.com.cn/chargeFullNews.jsp?id=113327234&time=2013-09-22&cl=106.

[15] 新浪财经. 田溯宁：新技术变革让整个社会跟网络连在一起[EB/OL]. http://finance.sina.com.cn/hy/20131231/ 113317807991.shtml.

[16] 国家互联网信息办公室,北京市互联网信息办公室. 中国互联网 20 年:网络大事记篇[M]. 北京:电子工业出版社,2014.

[17] 王辉耀,苗绿. 海归者说:我们的中国时代[M]. 北京:中译出版社,2016.

[18] 闵大洪. 中国网络媒体 20 年(1994—2014)[M]. 北京:电子工业出版社,2016.

编后记 1

站在一百年后看

赵 婕

热闹场中做一件冷静事

昨天、去年的一张旧照片、一件旧物,意义不大。但,几十年、上百年甚至更久之前,物是人非时的寻常物,则非同寻常。

试想,今日诸君,能在图书馆一角,翻阅瓦特发明蒸汽机的手记,或者蔡伦在发明纸的过程中,与朋友探讨细节之往来书帖。这种被时间加冕的力量,会暗中震撼一个人的心神,唤起一个人缅怀的趣味。

互联网在中国,刚过20年。对跋涉于谋生、执著于财富、仰求于荣耀、迷醉于享乐、求援于问题的人来说,这个工具,还十分新颖。仿佛济济一堂,尚未道别,自然说不上怀念。

人类的热情与恐惧,更多也是朝向未来。

一件事情的意义,在不被人感知时,最初只有一意孤行的力量。除了去做,还是去做,日复一日。一个人,不管他是否真有远见,是否真懂未雨绸缪,一旦把抉择的航程置于自己面前,他只能认清一个事实:航班可延误,乘客须准点。

一切尚在热闹中,需要有人来做一件冷静事。

方兴东意识到,这是一件已经被延误的事情,有些为互联网开辟草莱的前辈,已经过世了。在树下乘凉、井边喝水的人群中，已找不到他们的身影。快速迭代的互联网，正在以遗迹覆盖遗迹。他遗憾，"互联网口述历史"（OHI）还是开始得晚了一点，速度慢了一点。他深感需要快马加鞭，需要得到各方的理解与支持。

提早做一件已延误的事

步履维艰的祖母费力地弯腰为刚学步的孩子系上散开的鞋带，在有的人眼里，是一幅催人泪下的图景。一种面向死亡和终极的感伤，正如在诗人波德莱尔眼里，芸芸众生，都只是未来的白骨。

本杰明·富兰克林说："若要在死后尸骨腐烂时不被人忘记，要么写出值得人读的东西，要么做些值得人写的事情。"

中国步入互联网时代以来，已有许多人做出了值得一书的事情。

编后记 1

然而,"称雄一世的帝王和上将都将老去,即使富可敌国也会成灰,一代遗风也会如烟,造化万物终将复归黄泥,遗迹与藩篱都已渐渐褪去。叱咤风云的王者也会被遗忘……"

因此,需要有人再做一件事:把发生在互联网时代里,值得记载的事情,记录下来。

必然的历史,把偶然分派给每一位创造历史的人。当初,这些人并不曾指望"比那些为战争出生入死的人更为不朽",今日,还顾不上指望名垂青史。

来记录这段历史的人,绝不是为某人歌功颂德,而是要尽早做一件已延误的事。

那些发生的事情的来龙去脉,堆积在这个时代的身躯上。对重史崇文的中国人,自然会懂得民族长存的秘密,与汉字书写、与"鉴过往知来者""宜子孙"的历史和源远流长的中华文化密切相关。

过去仍在飞行

2007年年初,《"影响中国互联网100风云人物"口述历史》等报道出现在媒体上。接受采访的方兴东说:"口述历史大型专题活动,将系统访谈互联网界最有影响力的精英,全面总结互联网创新发展经验。"

当时,互联网实验室和博客中国共同策划的口述历史大型专题活动在北京启动。这是"2007互联网创新领袖国际论坛"的重要组成部分。该论坛由原信息产业部指导,互联网实验室等单位共同举办。科技中国评选"影响中国互联网100风云人物"。

口述历史的对象,主要来自评选出的100位风云人物,包括互联网创业者、影响互联网发展的风险投资和投资机构、互联网产业的基础设施建设者、对互联网产业影响巨大的国内外企业经理人、互联网产业的思想家和媒体人乃至互联网产业的关键决策者,以及互联网先行者和技术创新的领头人。

编后记 1

方兴东认为,这些人物是互联网产业的英雄,他们富有激情和梦想,作为中国互联网的先锋人物,曾经或现在战斗在中国互联网的最前沿,对促进中国互联网发展做出了不同的贡献。口述历史,将梳理他们的发展历程,以媒体的视角来展示历史上精彩的一页,为互联网产业下一个10年的创新发展提供有益的参考。

在关注眼前、注重实效的现今业态下,人们似乎更乐于历史的创造,而非及时的回顾,尽管互联网"轻舟已过万重山",矜持的历史创造者们,恐怕还是认为"十几年太短"。

记述历史和写作并不是方兴东的主业,他自己也在创业,企业的责任和负担无人替代他。所以,几年来,他见缝插针,断断续续访谈了几十人。在这个过程中,思路也越来越清晰。

2014年春,中国互联网发展20周年之际,方兴东正式组建了编辑出版"互联网实验室文库"的团队,

"互联网口述历史"成为了这个团队的首要工作。

"在采摘时节采摘玫瑰花苞。过去仍在飞行。"

在方兴东眼里,中国互联网20年来得太激动人心了。互联网的第三个10年又开启了。很多人顺应、投入了这段历史,无论其个人最终成败得失如何,都已成为创造这段历史的合力之一。可能接下来互联网还会越做越大,但是最浪漫的东西还是在过去20年里。他觉得应该把这些最精彩的东西挖掘出来。趁着还来得及,有些东西需要有人来总结。有些人的贡献,值得公正、精彩、生动、详细地留下记录。

正是这样一个时代契机,各年龄、各阶层、各行业的草根或精英,有人穷则思变,有人"现世安稳岁月静好",但都从各个位置,甚至是旁观位置,加入了这个"时代合唱",成就了一种不谋而合的伟大,造就了乱花迷眼的互联网江湖。

方兴东自认为,投入"互联网口述历史"这件工作量巨大的事情，也有一些不算牵强的前提。他出生于世界互联网诞生的 1969 年，在中国出现互联网的 1994 年，他恰好到北京工作。他的故乡浙江是中国另一个巨大的"互联网根据地"。二十年间，他奔波北京、杭州之间，足迹留到全国各地，全程深度参与中国互联网事业，与各路英雄好汉切磋交往，也算近水楼台，大家能坦诚交谈，让这件事发生得十分自然。

还原互联网历史的丰富性

众所周知，互联网是一个不断制造神话又毁灭神话的产业，这个产业的悲壮和奇迹，出于无数人的努力奋斗、成就辉煌、前仆后继。

就如方兴东所说："即使举步维艰，互联网天空，依然星光闪耀。至于现在这颗星星还是不是那颗星星，并没有太多的人关注。新经济、泡沫、烧钱、圈钱、免费、亏损，等等，几个极其简单的词汇，就将成千上万年轻人的激情和心血盖棺论定了——剔除了丰富的内涵,把一场前所未有的新技术革命苍白地钉在了'十字架'上。既没有充分、客观地反映这场浪潮的积极和消极之处,也无法体现我们所经历的痛楚和欣喜。"

从"互联网口述历史"最初访谈开始,方兴东希望尽力还原这种"丰富的内涵"。

在中国互联网历程中过往的这些人物,不会没有缺点,也不可能没有挫折。起起伏伏中,他们以创新、以创业、以思想、以行动,实质性地推动了中国互联网的发展进程。"互联网口述历史"希望在当事人的记忆还足够清晰时,希望那些年事已高的开拓者还健在时,呈现他们在历史过程中的个性、素养和行为特质,把推进历史的坦途和弯路地图都描绘出来,以资来者。在讲述过程中,个人的戏剧性故事,让未来的受众也能在趣味中了解口述者的人生轨迹和心路历程。

因此,"互联网口述历史"最初明确定位为个人视角的互联网历史，重视口述者翔实的个人历程。在互联网第一线，个人的几个阶段、几种收获、几个遗憾、几条弯路，等等；如果重来，他们又希望如何抉择，如何重新走过？概括起来，至少要涉及四个方面：个人主要贡献（体现独特性）、个人互联网历程（体现重要的人与事）、个人成长经历（体现家庭背景、成长和个性等）、关键事件（体现在细节上）。

但互联网又是个体会聚的群体事业。在中国互联网风风雨雨的历程中，在个人之外，还有哪些重要的人和重要的事，哪些产业界重大的经验和惨痛的教训，哪些难忘的趣闻逸事，如何评说互联网的功过得失及社会影响，等等，也是"互联网口述历史"必不可少的内容。

多元评价标准

"互联网口述历史"希望有一个多元评价标准。方兴东认为，目前在媒体层面比较成功的人士，他们的作用肯定是毫无疑问的。这么多用户在用他们的产品，他们的产品在改变着用户。我们一点都不贬低他们，同时也看到，他们享受了整个互联网所带来的最大的好处。中国互联网的红利给少数人披红挂彩。他们是故事的主角，但参演者远远大于这个群体。所以，"互联网口述历史"一定是个群像，有政府官员、投资者、学者、技术人员和民间人士等，当然，企业家是主角中的主角。

很多人很想当然地觉得，中国互联网在早期很自然就发生了。实际上，今天的成就，不在当初任何人的想象中，当初谁也没有这个想象力。"互联网口述历史"尤其不能忽略早期那些对互联网起了推动作用的人。当时，不像今天，大家都知道互联网是个好东西。当初，互联网是一个很有争议的东西。他们做的很多工作很不简单，是起步性的、根基性的，影响了未来的很多事情。当年，似乎很偶然，不经意的事情影响了未来，但其发生和发展，有其内在的必然性。这些开辟者，对互联网价值和内在规律的认识，不见得比现在的人差。现在互联网这么热闹，这么丰富，很多人是认识到了，但对互联网最本源的东西，现在的人不见得比那时的互联网开创者认识得深。

时势造英雄

生逢其时，每一位互联网进程的参与者，都很幸运，不管最后是成功还是失败，有名还是无名。因为这是有史以来最大的一次技术革命浪潮。这个技术革命浪潮，方兴东认为，也要放在一个时代背景下，包括改革开放、九二南巡，包括经济发展到一定阶段，电信行业有了一定基础，这些都是前提。没有这些背景，不可能有马云、马化腾，也不可能有今天。

方兴东认为，不能脱离时代背景来谈互联网在中国的成功，其一定是有根、有因、有源头，而不是无中生有、莫名其妙，就有了中国互联网的蓬勃发展。20世纪80年代的思想开放，与互联网精神、互联网价值观，有很多吻合之处。中国互联网从一开始，没有走错路、走歪路，没有出现大的战略失误。从政府主营机构，到具体政策的执行人，到创业者，包括媒体舆论。

中国特色互联网

中国与美国相比，是一个后发国家。互联网的很多基础技术、标准、创新都不是我们的，是美国人发明的，我们就是用好，发扬光大，做好本地化。方兴东认为，对于更多的国家来说，中国的经验实际上更有参考价值。因为相对于这些国家来说，中国又变成了一个先发国家。毕竟，现在全世界，不上网的人比上网的人要多。更多国家要享受互联网的益处，中国具有重要参考意义。因此，"互联网口述历史"具有国际意义。我们做这些东西，不是为了歌功颂德，而是为了把这些人留在历史里，才把他们记录下来。

编后记 1

不能缺席的价值观

互联网在中国的成功,毫无疑问,超出了所有人的想象。但是,方兴东认为,中国互联网仍存在明显的问题,例如,过分的商业化、片面的功利化、时髦和时尚借口下的浅薄化存在于互联网当中,而且可能会误导互联网发展。"互联网口述历史"希望在梳理历史的过程中,能把这些问题是非分明地梳理出来。

从理想的角度来看,互联网应该成为推动整个中国崛起的技术的引擎,它带来的应该是更多积极、正面的力量、方便和秩序。互联网的从业者,包括汇聚了巨大财富和社会影响力的人,如果他们能够有理想,互联网在中国的变革作用会大得多。互联网的大佬们是巨大财富和巨大影响力的托管人,他们应该考虑怎样把自己的财富和影响力用好,而不是简单作为个人的资产,或者纯个人努力的结果。在个人性和公共性方面,如果他们有更高的境界、更清醒的意识和更多的自觉，会比现在好得多。现在，总体上来说，是远远不够的。

方兴东认为，中国互联网 20 年来，真正最有价值、最闪光的东西，不一定在这些大佬们身上，反倒可能在那些不那么知名的人身上，甚至在没有从互联网挣到钱的人身上。推动中国互联网历史进程关键点的人，也不一定是这些大佬。因此，"互联网口述历史"采访名单的甄选，是站在这样的观点之上的，可能与有些媒体的选择不同。

站在一百年后看

中国互联网的历史，从产业、创业、资本、技术及应用等方面看，是一部中国技术与商业创新史；从法律法规、政府管理举措、安全等方面看，是一部中国社会管理创新史；从社会、文化、网民行为等方面看，是一部中国文化创新史。

编后记 1

目前,我们在国内采访的人物已达 100 余位,主要是三个层面的人物,能够全景、全面反映中国互联网创业创新史。以前面 100 个人为例,商业创新约 50 人,细分在技术、创业、商业、应用和投资等层面;制度创新约 25 人,细分在管理、制度和政策制定等层面;文化创新约 25 人,细分在学术、思想、社会和文化等层面。他们是将中国社会引入信息时代的关键性人物,能展示中国互联网历史的关键节点。采访着眼于把中国带入信息社会的过程中,被访者做了什么。通过对中国互联网 20 年的全程发展有特殊贡献的这些人物的深度访谈,多层次、全景式反映中国互联网发生、发展和崛起的真实全貌,打造全球研究中国互联网独一无二的第一手资料宝藏。

王羲之曾记下永和九年一次文人的曲水流觞的雅事,"列叙时人,录其所述",让世世代代的后人从《兰亭集序》的绝美墨迹中领略那一次著名的"春游","虽世殊事异,所以兴怀,其致一也。后之览者,亦将有感于斯文。"

方兴东希望通过"互联网口述历史"项目的文字、音频、视频等各种载体,让一百年后的人、甚至是更远的未来者看到中国是怎么进入信息社会的,是哪些人把这种互联网文明带入中国,把中国从一个半农业、半工业社会带入了信息社会。

2014年,从全球"互联网口述历史"项目的工作全面展开,到2019年互联网诞生50周年之际,我们将初步完成影响互联网的全球500位最关键人物的口述采访工作。这一宏大的、几乎是不可能完成的任务,正在变为现实!

编后记 2

有层次、有逻辑、有灵魂

刘 伟

"互联网口述历史"的维度与标准

"互联网口述历史"（OHI）是方兴东博士在 2007 年发起的项目，原是名为"影响中国互联网 100 人"的专题活动，由互联网实验室、博客网（博客中国）等落实执行。在经过几年的摸索与尝试后，2010 年，方兴东博士个人开始撸起衣袖集中参与和猛力突击。因此,"互联网口述历史"在2007年至2009年是试水和储备,真正开始在数量上"飞跃"起来,是从2010年下半年开始的。

这些年,方兴东博士一边"创业",一边默默采集、积累"互联网口述历史"的宏巨素材。一路走下来,前前后后的几个助理扛着摄像机、带着电脑跟着他。助理们有走有来,而他,一坚持就是十年。

2014年,我从《看历史》杂志离职,参与了"互联网实验室文库"的筹备,主持图书出版工作,致力于打造出"21世纪的走向未来丛书"。"互联网实验室文库"的出版工作包括四大方向:产业专著、商业巨头传记、"口述历史"项目、思想智库。

在之后的时间里,"互联网实验室文库"出版了产业专著、商业巨头传记、思想智库方向的十余本书,而"口述历史"却未见成果出品。当然,这是因为"口

编后记 2

述历史"创造了六个"最"——所需的精力消耗最大，时间周期最长，整理打磨最精，查阅文献资料最繁，过程折磨最多，集成的自主性最少……

以往，一本书在作者完成并有了书稿后，进入编辑流程到最后出版，是一个从 0 到 1 的过程。而为了让别人明白做"口述历史"的精细和繁冗，我常说它是从-10 到 1 的过程。因为"口述历史"是一个"掘地百尺"的工作，而作为成果能呈现出来的，只不过是冰山一角。在"口述历史"的整理之外，我们还积累形成了 10 余万字的互联网相关人物、事件、产品、名词的注释（词条解释），50 余万字的中国互联网简史（大事记资料），以及建立了我们的档案保存、保密机制等，这些都是不为人知的，且仅是我们工作的一小部分。

"过去"已经成为历史，是一个已经灰飞烟灭的存在，人们留下的只是记忆。"口述历史"就是要挖掘和记录下人们的记忆，因为有太多的因素影响着它、制约着它，所以，我们需要再经稽核整理。因此，"口述历史"中的"口述者"都是那些历史事件的亲历、亲见、亲闻者。

北京大学的温儒敏教授曾经这样评价"口述历史"这一形式："这种史学撰写有着更为浓厚的原生态特色，摆脱了以往史学研究的呆板僵化，因而更加生动鲜活，同时更多的人开始认识到这种口述历史研究的学术价值，而不是仅仅被视为一种采访。相对于纯粹的回忆录和自传，这种口述历史多了一种真实到可以触摸的毛茸茸的感觉。"

"口述历史"让历史变得鲜活，充满质感，甚至更性感。

我在采访方兴东博士，要其做"访谈者评述"时，他曾在评述之前说了这么一段话："互联网不仅仅是那些少数成功的企业家创造的，它实际上是社会各界共同创造的一个人类最大的奇迹——中国互联网能够有8亿网民,这绝对是全球的一个奇迹。中国有一大批人,他们是互联网的无名英雄,基本上在现在的主流媒体上看不到他们。但我觉得这些人在互联网最初阶段,在中国制定轨道的过程中,铺了一条方向上正确的道路,而且很多东西当年可能是一件很小的事情,但实际上最终起了关键性的作用。我们试图在'互联网口述历史'里,把这个群体中的代表人物挖掘出来、呈现出来。"

我想,这是方兴东博士的初心,也是"互联网口述历史"项目产生的源头。

出版人和作家张立宪(自称老六,出版人、作家,《读库》主编——编者注)曾讲过一则与早期的郭德纲有关的故事:"那时候郭德纲还默默无闻,他在天桥剧场的演出只限于很小的一个圈子里的人知道……当时就和东东枪商量,我们要做郭德纲,这个默默无闻的郭德纲。但是世界的变化永远比我们想象中的快,从东东枪采访郭德纲,到最后图书出版大概是半年的时间,在这几个月的时间里,郭德纲老师已经谁都拦不住了。那时候就连一个宠物杂志都要让郭德纲抱条狗或者抱只猫上封面,真的是到那个程度。但是我们依然很庆幸,就是我们在郭德纲老师被媒体大量地消费、消解之前,我们采访了他,'保存'了他。一个纯天然绿色的郭德纲被我们保留下来了。其实这也是某种意义上的抢救,这种抢救不仅仅指我们把一个很了不起的人,在他消失之前、在他去世之前给他保存下来;也包括像郭德纲老师这样的人,他虽然现在依然健在,但是'绿色'郭德纲已经不见了,现在是一个'红色'的郭德纲。"

从某种程度上讲,"互联网口述历史"也是在尽可能抢救和保留"绿色"的互联网人。所不同的是,我们不是预测,而是寻找、挖掘、记录、还原、保存。因为我们是基于"历史",是事发之后的、热后冷却的、不为人知的记载。至于"绿色"的意义,我想就像常规访谈与口述历史的差别,因为所用的方法、工艺、时间、重心完全不同,当然也就导致了目的与结果的不同。

"口述历史"是访谈者和口述者共同参与的互动过程,也是协同创造的过程。因此,"口述历史"作品蕴含着口述者和访谈者(整理者、研究者)共同的生命体验。

"口述历史"一般有专业史、社会史、心灵史几个维度。在"互联网口述历史"中,因选题缘故,我们还辐射了更多不同的维度与向度,如技术史(商业史)、制度史(管理史)、文化史(社会变革史)以及经济学家汪丁丁教授强调的思想史。

在"互联网口述历史"近十年的采集过程中,其技术设备一样经历了"技术史"的变迁。例如,在2007—2013年,用的还是录像带摄像机,而在2014—2016年,用的是存储卡摄像机。

"互联网口述历史"从采集到整理的过程中,我们始终秉承着这样几个标准:有灵魂、有逻辑、有层次、有侧重,注重史实与真相。

"互联网口述历史"的取舍与主张

在采集回的资料的使用上,我们采用了"提问+口述+注释"的整理方式,而非"撰文+口述"的编撰方式。这样的选择,就是为了能够不偏不倚、原汁原味地还原现场,并且不破坏其本身的脉络与构造,以及我们在其上的建构。我们希望做到,像拓片与石碑的关联。

在资料整理过程中,我们也是严格按照"口述历史"的方式整理、校对、核对、编辑、注释、授权、补充、确认、保存的(为什么授权顺序靠后,我在后面解释），但在图书出版的最后，也就是目前呈现在读者眼前的文本——严格意义上说已经不是特别纯的"口述历史"了。因为读者会看到，我们可能加入了5%左右别处的访谈内容。这么做有的是因为文本需要，有的是因为空缺而做的"补丁"，有的是口述者提供希望我们有所用的。对这些内容的注入，我们做了原始出处的标注，并同样征得了"口述者"的确认。

在整理的过程中，应访谈者的要求，我们弱化了其角色特征，适当简化了访谈者在访谈中的追问、确认、区辨等"挖掘"过程，尽可能多地呈现口述者的口述内容，即直接挖出的"矿"；也简化了部分现场访谈者对口述者的某些纠正。这样的纠正有时是一来二去，共同回想，提坐标、找参照，最终得以确定。这样的"简化"也是为了方便和照顾读者，我们尽量压缩了通往历史现场过程中的曲折与漫长。

在时间轴上，我们也尽量按照时间发展顺序做了调整，但因"记忆"有其特殊性，人的记忆有时是"打包"甚至"覆盖"的（只有遇到某些事件时，另一些事才能如化学效应般浮现出来，而如果遇不到这些事件，它可能就永远沉没下去了），因此，会有部分"口述者"的叙事在"时间点"上有连接和交叉，所以，显得稍有些跳跃或回溯。在这种情况下，我们没有为了梳理时间顺序而强行分拆、切割或拼搭。

在口语上，我们仍尽可能保留了各"口述者"的特色和语言风格，未做模式化的简洁处理。所以，即使经过了"深加工"的语言，也仍像是"原生态的口语"，只是变得更加清晰。

时常有人关心地问："你们的'互联网口述历史'怎么样了？怎么弄了这么久？"其实这是难以言表的事，我们很难让人了解其中的细节和背后的功夫。"口述历史"中的那些英文、方言、口音、人名、专业词汇，有时一个字词需要听十几遍才能"还原"；有时

编后记 2

一个时间需要查大量资料才能确认；与"口述者"沟通，以及确认的时间，有时又以"年"为沟通的时间单位，需要不断询问与查证，因为这期间也许遇有口述者的犹豫或繁忙；为了找到一条"语录"，我们可能要看完"口述者"的所有文章、采访、演讲……就是这一点又一点的困难、艰辛、阻碍，造成了"口述历史"的整理及后续的工作时间是访谈时间的数十倍。

台湾地区的"中央研究院近代史研究所"前所长陈三井曾说："口述历史最麻烦的是事后整理访问稿的工作。这并不是受访人一边讲，访问人一边听写记录就行了。通常讲话是凌乱而没有系统性的，往往是前后不连贯，甚至互有出入的。访问人必须花费很大的力气加以重组、归纳和编排，以去芜存菁。遇有人名、地名、年代或事物方面的疑问，还必须翻阅各种工具书去查证补充。最后再做文字的整理和修饰工作，可见过程繁复，耗时费力，并不轻松。"

我曾和团队同事分享过这样一个比喻：整理口述历史，就像"打扫"一个书柜，有的人觉得把木框擦干净就可以了；有的人会把每一本书都拿下来然后再擦一遍书架；还有的人在放进去之前会把每本书再轻拭一遍。而我们呢？除了以上动作，还需要再拿一根针把书架柜子木板间的缝隙再"刮"一遍，因为缝隙里会有抹布擦拭的碎纤维、积累的灰尘、纸屑，甚至可能有蛀木的虫卵……（我当时分享这个比喻的初衷，就是提示我的同事，我们要细致到什么程度。现在看来，这个比喻也同样表现了我们是怎么样做的。）

在"互联网口述历史"的出版形式上，我们也曾纠结于是多人一本，还是一人一本。在最早的出版计划中，我们是计划多人一本（按年份、按事件、按人物），专题式地出版一批有"体量"的书。当多人一本的多本"口述历史"摆在一起时，才能凸显"群雕"的伟岸，也因为多人一本的多文本原因，读者阅读起来会更具快感，对事件的理解视角也更宽广，相互映照补充起来的历史细节及故事也更加精彩(也就是佐证与互证的过程)。

然而实际情况是,我们没有办法按照这种"完美"的形式去出版。因为"口述历史"是一个逐渐累积的过程,无论是前期的访谈,中期的整理,还是后期的修订、确认,它们都在不同时间点有着不同程度上的难点,整个推进过程是有序不交叉且不可预知的。最早采访和整理的也许最后才被口述者确认;最应先采访的人也许最后才采访到;因为在不停地采访和整理,永远都可能发现下一个、新的相关人……这样疲于访谈,也疲于整理。囿于各种原因,我们没办法按照我们"梦想"的方式出版。因此,最终我们选择了呈现在读者眼前的"一人一本"的出版方式,出版顺序也几乎是按照"确认"时间先后而定的。我们同样放弃了优先出版大众名人、有市场号召力的人物、知名度高的口述者,以带动后面"口述历史"的想法。

尽管我们遗憾未能以一个更宏伟具象的"全景图"的形式出版,但一本一本地出版,也有专注、轻松、脉络清晰、风格一致的美感,仍能在最后呈现出某种预期的效果。未来也仍能结集为各种专题式的、多人一本的出版物,将零散的历史碎片拼接成为宏大的历史画卷。因此,希望读者能理解,目前的选择是在各种原因、条件和实际困难"角力"后的结果,这其中有得有失,瑕瑜互见。为体恤读者,呈现群雕之张力,我在这里列举几位口述者的"口述历史"标题,先睹为快:《胡启恒:信息时代的人就该有信息时代的精神》《田溯宁:早期的互联网创业者都是理想主义》《张朝阳:现在的创业者一定要设身处地想想当时》《张树新:我本能地对下一代的新东西感兴趣》《吴伯凡:中国互联网历史,一定是综合的文化史》《陈年:以前互联网都很苦,大家集体骗自己》《刘九如:培训记者,我提醒他们要记住自己的权利》《胡泳:人们常常为了方便有趣而牺牲隐私》《段永朝:碎片化是构成人的多重生命的机缘》《陈彤：我做网络媒体之前也懵懂过》《王峻涛：创业时想想，要做的事是水还是空气》《陈一舟：苦闷是必需的，你不苦闷凭什么崛起》《黎和生：其实做媒体主要是做心灵产品》《冯珏：现在的互联网没当年的理想和热情了》《王维嘉：人类本性渴望的就是千里眼、顺风耳》《洪波：中国互联网产业能发展到今天得益于自由》《方兴东：互联网最有价值的东西，就是互联网精神》《陈宏：当时想做一个中国人的投行，帮助中国企业》《许榕生：我所做的其实只是把国外的技术带回中国》……举例还可以列很长很长，因为目前我们已整理完成了60余人的口述历史，以上举例的部分"口述历史"标题，有些可能稍有偏颇，甚至因为脱离了原有的语境而变成了另外的意思；有些可能会对"口述者"及业界稍有冒犯；有些可能会与实际出版所用标题有所出入。在此，希望得到读者的理解和谅解。

在事实与真相上，我们也希望读者明白：没有"绝对真相"和"绝对真实"。我们只是试图使读者接近真相,离历史更近一些。"口述历史"不能代替对历史的解释,它只是一项对历史的补充。同时希望读者能够继续关注和阅读,我们将继续出版更多的"互联网口述历史",形成更广大的历史的学习和理解视角,以避免仅仅停留在对文字皮相的见解上。我们也要明白,还要有更多的阅读,才能还原群体之记忆。不同口述者在叙述相同事件时,一些细节会有不同的立场和不同的描述,甚至有不小的差别,这些还需要我们继续考证。

中国现代文学馆研究员傅光明曾说:"历史是一个瓷瓶,在它发生的瞬间就已经被打碎了,碎片撒了一地。我们今天只是在捡拾过去遗留下来的一些碎片而已,并尽可能地将这些碎片还原拼接。但有可能再还原成那一个精致的瓷瓶吗?绝对不可能!我们所做的,就是努力把它拼接起来,尽可能地逼近那个历史真相,还原出它的历史意义和历史价值,这是历史所带给我们的应有的启迪或启发。"

尽管"互联网口述历史"项目目前是以书籍的形式出现的,展现的是文本,但我们希望在阅读体验上,能够呈现出舞台剧的效果,令读者始终有"在场感"。在一系列访谈者介绍、评述过后,可以直接看到"口述者"和"访谈者"坐在你面前对话;"编注"就是旁白;"语录"是花絮,方便你从思想的层面去触摸和感受"口述者";"链接"是彩蛋,时有时无,它是"口述者"的一个侧面,或与其相关的一些细枝末节;"附录"是另一种讲述,它是一段历史的记录,来自另一个时空中。当"口述历史"本身完结后,"口述者"或说或写的会成为一段历史、一批珍贵的历史资料。你会发现,在历史深处的这些资料,也许曾是预言,也许在过去就非常具有前瞻性,也许它是一种知识的普及,也许它是对"口述历史"一些细节的另外的映照或补充,也许它曾是一个细分领域的入口或红利的机会……

有些口述者讲述了自己儿时或少年的故事,用方兴东博士的话说:那是他们的"源代码"。

美国口述历史学家迈克尔·弗里斯科(Michael Frisch)说:"口述历史是发掘、探索和评价历史回忆过程性质的强有力工具——人们怎样理解过去,他们怎样将个人经历和社会背景相连,过去怎样成为现实的一部分,人们怎样用过去解释他们现在的生活和周围的世界。"

"互联网口述历史"的形式与意义

做"口述历史"时常有遗憾(它似乎是一门遗憾的学问和艺术)。遗憾有人拒绝了我们的访谈请求(有些是因为身份不便;有些是因为觉得自己平凡,所做过的事不值得书写);遗憾有些贡献者已经离开了我们,无法访谈;遗憾一些我们整理完毕已发出却无法

编后记 2

再得到确认的文本;遗憾一些确认的文本被删得太多;遗憾一些我们没问及的内容,再也补不回来;遗憾一些口述者避而不谈的内容;遗憾不能让历史更细致地呈现;遗憾一些详情不便透露;遗憾有些口述者已经不愿再面对自己曾经的口述,因而拒绝了确认和开放;遗憾我们曾通过各种资料、各种方法抵达口述者的内心,但能呈现给读者的仍不过是他们的一个侧面,他们爱的小动物、他们做的公益等,囿于原材料和呈现方式,这些都无法在一篇口述历史中体现;有些东西小而闪光,但我们没法补进来,遗憾有些补进来了又被删掉了;遗憾文本丢掉的"镜头语言",如"口述者"的表情、动作、笑容、叹息、沉默、感伤、痛苦……遗憾"文本"丢失了"口述者"声音的魅力;遗憾我们没有更先进的表达和呈现方式(我们拥有"互联网口述历史"的宝贵资料和"视听图影"资源,却不能为读者呈现近乎 4D、5D 的感官体验,也未能将文本做成"超文本");遗憾我们时间有限、人力有限、精力有限……无论如何,今天呈现在读者面前的并不是"最好的成果",它还有待您与我们共同继续考证、修正、挖掘和补充,它也可能只能存在于我们的梦想和希冀之中了。

尽管到目前为止我们已经做了许多工作,但也依然只是一小部分,我们仍处于采集、整理阶段,在运用、研究等方面,我们还少有涉及。未来,"互联网口述历史"会被运用到各类社会、行业研究和课题中,被引入种种类型、种种框架、种种定义、种种理论、种种现象、种种行为、种种心理结构、种种专业学科中,成为万象的研究结果,以及种种假设中的"现实"依据,解答人们不一的困境和需求。它还可以生成各类或有料、有趣、有深度、有沉积的数据图、信息图,实现信息可视化、数据可视化。

因为"互联网口述历史"还能抚育出无数的东西,所以,这又几乎是一项永远未竟的事业。

编后记 2

呈现在读者面前的"口述历史",是有所删减的版本,为更适于出版。尽管"互联网口述历史"先以图书的形式呈现,但图书只是"互联网口述历史"的一种产品形式,而且只是一个转化的产品,它并非"互联网口述历史"的最终产品和唯一产品。自然地,由于图书本身的特性及文化传播价值,它也得到我们出版单位和社会各界的重视和支持。本套"互联网口述系列丛书",也获得了国家出版基金的支持。2017年年底,根据刘强东口述出版的作品《我的创业史》,获得了《作家文摘》评选的年度十佳非虚构图书。在一批中国"互联网口述历史"之后,我们将推出国外"互联网口述历史"。除图书外,未来我们也会开发和转化纪录片、视频等产品内容和成果,甚至成立博物馆及研究中心。总之,我们期待还能发展为更多有意义的形式和形态,也希望您能继续关注。

余世存老师在回忆整理和编写《非常道》的过程中,说自己当时"常常为一段故事激动地站起来在屋

子里转圈，又或者为一句话停顿下来流眼泪"。

在整理"互联网口述历史"的过程中，我们同样深感如此。因为能触及种种场景、种种感受、种种人生，我们常常因"口述者"的激情、痛苦、人性光辉、思想闪光而震撼、紧张、欣慰，也曾被某一句话惊出冷汗；有些"口述者"的思想分享连续不断，让人应接不暇、让人亢奋激动、让人拍案叫绝、让人脑洞大开，甚至让人茅塞顿开；一些让我们心痛、落泪的故事，却在"口述者"的低声慢语间送达。同时，我们也"见证"了很多阻力与才智、生存与反抗、偶然与机遇、智虑与制度、弱德与英勇……每位口述者，都像一面镜子，映照出千千万万的创业者、创新者、先驱者、革命者、领跑者，还有隐秘的英雄、坚忍的失势者、挺过来的伤者、微笑转身者、孤独翻山者……

幸运地，我们能触碰这些"宝藏"。更加幸运地，今天的我们能把它们都保留下来、呈现出来，领受前辈们分享的无价礼物。

编后记 2

数字化大师、麻省理工学院教授尼葛洛庞帝（Nicholas Negroponte）曾这样评价方兴东博士及"互联网口述历史"："你做的口述历史这项工作非常有意义。因为互联网历史的创造者，现在往往并不知道自己所做的事情有多么伟大，而我们的社会，现在也不知道这些人做的事情有多么伟大。"

也有非常多的人如此建议和评价方兴东博士的"互联网口述历史"："也别太用心费神，那种东西有价值、有意义，但是没人看……"

电子工业出版社的刘声峰曾说："这个工作，功德无量。"

在不同人的眼中，"互联网口述历史"有着不同的分量和意义。也许这项工程在别人眼中是"无底洞"，是"得不偿失"，是"用手走路"，是"费力不讨好"，是"杀鸡用牛刀"，但我们自有坚持下来的动力和源泉。

美国作家罗伯特·麦卡蒙（Robert R. McCammon）

在他的小说《奇风岁月》中有这样一段触动人心的文字:"我记得很久以前曾经听人说过一句话——如果有个老人过世了,那就好像一座图书馆被烧毁了。我忽然想到,那天在《亚当谷日报》上看到戴维·雷的讣告,上面写了很多他的资料,比如,他是打猎的时候意外丧生的,他的父母是谁,他有一个叫安迪的弟弟,他们全家都是长老教会的信徒。另外,讣告上还注明了葬礼的时间是早上 10 点 30 分。看到这样的讣告,我惊讶得说不出话来,因为他们竟然漏掉了那么多更重要的事。比如,每次戴维·雷一笑起来,眼角就会出现皱纹;每次他准备要跟本斗嘴的时候,嘴巴就会开始歪向一边;每当他发现一条从前没有勘探过的森林小径时,眼睛就会发亮;每当他准备要投快速球的时候,就会不自觉咬住下唇。这一切,讣告里只字未提。讣告里只写出戴维·雷的生平,可是却没有告诉我们他是个什么样的孩子。我在满园的墓碑中穿梭,脑海中思绪起伏。这个墓园里埋藏了多少被遗忘

编后记 2

的故事,埋藏了多少被烧毁的老图书馆?还有,年复一年,究竟有多少年轻的灵魂在这里累积了越来越多的故事?这些故事被遗忘了,失落了。我好渴望能够有个像电影院的地方,里头有一本记录了无数名字的目录,我们可以在目录里找出某个人的名字,按下一个按钮,银幕上就会出现某个人的脸,然后他会告诉你他一生的故事。如果世上真有这样的地方,那会很像一座天底下最生动有趣的纪念馆,我们历代祖先的灵魂会永远活在那里,而我们可以听到他们沉寂了百年的声音。当我走在墓园里,聆听着那无数沉寂了百年、永远不会再出现的声音,我忽然觉得我们真是一群浪费宝贵资产的后代。我们抛弃了过去,而我们的未来也就因此消耗殆尽。"

我想,以上文字应该是所有"口述历史"工作者、研究者的共同愿望,同时它也回答了人们坚持下来的答案和意义。

尽管，我们做的是非常难的事。之前的一切访谈都是方兴东博士以个人的身份在做这件事，他自己或带着助理，联络、采访各口述者。2014年起，我们组建了团队，承担起了访谈之后的整理、保存、保密、转化、出版等工作，但却常常有逆水行舟之感。因为方兴东博士在当年访谈完毕后并没有与口述者签署授权，我们补要授权已经是在访谈多年之后了，这增加了我们工作推进的难度。对于口述者来说，因为时间久远，且当时访谈是一个人，事后联络、沟通、确认、跟进的是另一个人，这便有了种种不同的理解。我们要在其中极力解释和争取，一方面保护好口述者，另一方面保护好方兴东博士，甚至再细致地解释方兴东博士当年也许使对方知会过的"知情同意权"（我们要做什么，口述者有哪些权利，可能会被怎么研究，我们如何保密，有哪些使用限制，会转化哪些成果，等等），然后授权。然而，我们不得不面对的现实是：事隔多年，有的口述者已经不愿面对这一次的访谈了；

编后记 2

也有的是不愿面对口述历史这种文本/文体；甚至有的口述者不愿再面对曾经提到的这些记忆（因访谈之后间隔过长，他的理解、想法、心理、记忆清晰程度，都有了变化）。还有的，有些口述历史已经确认并准备出版，而方兴东博士又临时进行了再次的访谈，我们就要将新的访谈内容再补入之前的版本中，然后再让口述者确认。这几年间，方兴东博士作为发起人，他对"互联网口述历史"有感情、有想法、有感觉，因此，我们也陪同经历了多次大改动、大建议、大方向的调整（我们的"已完成"，一次次被摊薄了）……这些加在一起，使我们都觉得是在做难上加难的事（因为我们没能按照惯常口述历史工作方法的顺序）。

回顾这几年，"互联网口述历史"对我们来说，也像是某种程度的创业，这期间遇到了多少干扰和阻力，咽下了多少苦闷和误解，吞下了多少不甘和负气，忍下了多少寂寞和煎熬，扛下了多少质疑和冷眼，这些只有我们自己清楚。对于我个人，还要面对团队成员不同原因的陆续离开……有时也会突然懂得和理解方兴东博士，无论是他经营公司，还是做"互联网口述历史"。对于其中的孤独、煎熬和坚守，相信他也一样理解我们。

以多年出版人的身份和角度讲，我同样替读者感到高兴，因为"互联网口述历史"实在有太多能量了，就像一个宝藏（当然，这也归功于"口述历史"这个特别形式的存在），这些能量有很大一部分可以转化成为"卖点"。在"互联网口述历史"里，读者可以看到过去与今天、政治与文化、他人与自己，也能看到趋势、机会、视野、因果、思维方式，还有管理、融资、创业、创新，还有励志、成功，以及辛酸挫折、泪水欺骗、潦倒狼狈、热爱、坚持；这里有故事，也有干货；有实用主义的，也有精神层面的；有历史的 A 面，同样有历史的 B 面；甚至其中有些行业问题、创业问题，依然能透过历史照入今天，解决此时此刻你

编后记 2

的困惑与难题。所以,希望读者能够在我们不断出版的"互联网口述历史"中,各取所需,各得其所。希望在你困苦的时候,能有一双经验之手穿过历史帮助你、提醒你、抚慰你。也希望你在有收获之余,还能够有所反思,因为,"反思,是'口述历史'的核心"(汪丁丁语)。

最后想说的是,如果你有任何与"互联网历史"有关的线索、史料、独家珍藏的照片,或想向我们提供任何支持,我们表示感谢与欢迎。"互联网口述历史"始终在继续。

最后,感谢"互联网口述历史"项目执行团队!也感谢有你的支持!更多感激,我们将在"致谢"中表达!

2016 年 5 月 18 日初稿

2018 年 2 月 7 日复改

致 谢

在"互联网口述历史"项目推动前行的过程中,感激以下每位提到或未能提到,每个具名或匿名的朋友们的辛苦努力和关照!

感谢方兴东博士十年来对"互联网口述历史"的坚持和积累,因为你的坚韧,才为大家留下了不可估量的、可继续开发的"财富"。

感谢汪丁丁老师对"互联网口述历史"项目小组的特别关心,以及您给予我们的难得的叮嘱与珍贵的分享。

致　谢

感谢赵婕女士，感谢你对我们工作所有有形、无形的支援，让我们在"绝望"的时候坚持下来，感谢你懂我们工作当中的"苦"。感谢你给我们的醍醐灌顶般的工作方式的建议，以及对我们工作的优化和调整。

感谢杜运洪、孙雪、李宁、杜康乐、张爱芹等人无论风雨，跟随方兴东博士摄制"互联网口述历史"，是你们的拍摄、录制工作，为我们及时留下了斑斓的互联网精彩。同样感谢你们的身兼数职、分身有术，牺牲了那么多的假日。

感谢钟布、李颖，为"互联网口述历史"的国际访谈做了重要补充。

感谢范媛媛，在"互联网口述历史"国际访谈方面，起到特殊的、重要的联络与对接作用。

感谢"互联网实验室文库"图书编辑部的刘伟、杜康乐、李宇泽、袁欢、魏晨等人，感谢你们耐住枯燥乏味，一次次的认真和任劳任怨，较真死磕和无比耐心细致的工作精神，并且始终默默无怨言。

在"互联网口述历史"的整理过程中，同样要感谢编辑部之外的一些力量，他们是何远琼、香玉、刘乃清、赵毅、冉孟灵、王帆、雷宁、郭丹曦、顾宇辰、王天阳等人，感谢你们的认真、负责，为"互联网实验室文库"添砖加瓦。

感谢互联网实验室、博客中国的高忆宁、徐玉蓉、张静等人，感谢你们给予编辑部门的绝对支持和无限理解。

感谢许剑秋，感谢你对"互联网口述历史"项目贡献的智慧与热情，以及独到、细致的统筹与策划。

感谢田涛、叶爱民、熊澄宇等几位老师，感谢你们对我们的指导和建议，感谢你们在"互联网口述历史"项目上所付出的努力。

感谢中国互联网协会前副秘书长孙永革老师帮助

致　谢

我们所做的部分史实的修正及建议。

感谢薛芳，感谢你以记者一贯的敏锐和独到，为"互联网口述历史"提供了难得的补充。

感谢汕头大学的梁超、原明明、达马（Dharma Adhikari）几位老师，以及张裕、应悦、罗焕林、刘梦婕、程子姣同学为"互联网口述历史"国际访谈的转录和翻译做了大量的辛苦工作；感谢范东升院长、毛良斌院长、钟宇欢的协调与帮助。

感谢李萍、华芳、杨晓晶、马兰芳、严峰、李国盛、马杰、田峰律师、杨霞、红梅、中岛、李树波、陈帅、唐旭行、冉启升、李江、孙海鲤、韩捷（小巴）等对我们所做工作的鼎力支持与支援。

感谢电子工业出版社的刘九如总编辑、刘声峰编辑、黄菲编辑、高莹莹老师，感谢你们为丛书贡献了绝对的激情、关注、真诚，以及在出版过程中那些细枝末节的温情的相助。

感谢博客中国市场部的任喜霞、于金琳、吴雪琴、崔时雨、索新怡等人对"互联网实验室文库"的支持,以及有效的推广工作。

在项目不同程度的推进过程中,同时感谢出版界的其他同仁,他们是东方出版社的龚雪,中信国学的马浩楠,中华书局的胡香玉,凤凰联动的一航,长江时代的刘浩冰,中信出版社的潘岳、蒋永军、曹萌瑶,生活·读书·新知三联书店的朱利国,商务印书馆的周洪波、范海燕,机械工业出版社的周中华、李华君,图灵公司的武卫东、傅志红,石油工业出版社的王昕,人民邮电出版社的杨帆,电子工业出版社的吴源,北京交通大学出版社的孙秀翠,中国发展出版社的马英华等人,感谢你们给予"互联网口述历史"的支持、关心、惦记和建议。

感谢腾讯文化频道的王姝蕲、张宁,感谢你们对"互联网实验室文库"的支持。

致谢

感谢中央网信办、中国互联网协会、首都互联网协会、汕头大学新闻与传播学院、汕头大学国际互联网研究院、浙江传媒学院互联网与社会研究中心等机构的大力支持。

在编辑整理"互联网口述历史"的过程中,我们同时参考了大量的文献资料,在此向各文献作者表示衷心的感谢。你们每次扎实、客观的记录,都有意义。

感谢众多在"口述历史""记忆研究"领域有所建树和继续摸索的前辈老师,感谢与"口述历史""记忆",以及历史学、社会学、档案学、心理学等领域相关的论文、图书的众多作者、译者、出版方,是你们让我们有了更便利的学习、补习方式,有了更扎实的理论基础,让我们能够站在巨人的肩膀上看得更远,走得更远。感谢你们对我们不同程度的启发和帮助。

感谢崔永元口述历史研究中心的同仁,感谢温州大学口述历史研究所的公众号及杨祥银博士,感谢你们对"互联网口述历史"的关注和关心。

感谢陈定炜（TAN Tin Wee），全吉男（Kilnam Chon），中欧数字协会的鲁乙己（Luigi Gambardella）与焦钰，Diplo 基金会的 Jovan Kurbalija 与 Dragana Markovski，计算机历史博物馆的戈登·贝尔（Gordon Bell）与马克·韦伯（Marc Weber），以及世界经济论坛的鲁子龙（Danil Kerimi），IT for Change 的安妮塔（Anita Gurumurthy）等人为"互联网口述历史"项目推荐和联络口述者，为我们提供了更多采访海外互联网先锋的机会。

感谢田溯宁、毛伟、刘东、李晓东、张亚勤、杨致远等人，深深感谢"互联网口述历史"已访谈和将访谈的，曾为中国互联网做出贡献和继续做贡献的精英与豪杰们，是你们让互联网的"故事"和发展更加精彩，也让我们的"互联网口述历史"能有机会记录这份精彩。

致 谢

"互联网口述历史"的感谢名单是列不完的,因为它的背后有庞大的人群为我们做支持,提供帮助,给建议。

感谢你们!

互联网口述历史：人类新文明缔造者群像

"互联网口述历史"工程选取对中国与全球信息领域全程发展有特殊贡献的人物，通过深度访谈，多层次、全景式反映中国信息化发生、发展和全球崛起的真实全貌。该工程由方兴东博士自 2007 年开始启动耕作，经过十年断断续续的摸索和收集，目前已初现雏形。

"口述历史"是一种搜集历史的途径，该类历史资料源自人的记忆。搜集方式是通过传统的笔录、录音和录影等技术手段，记录历史事件当事人或目击者的回忆而保存的口述凭证。收集所得的口头资料，后与文字档案、文献史料等核实，整理成文字稿。我们将对互联网这段刚刚发生的历史的人与事、真实与细节，进行勤勤恳恳、扎扎实实的记录和挖掘。

"互联网口述历史"既是已经发生的历史,也是正在进行的当代史,更是引领人类的未来史;既是生动鲜活的个人史,也是开拓创新的企业史,更是波澜壮阔的时代史。他们是一群将人类从工业文明带入信息文明的时代英雄!这些关键人物,他们以个人独特的能动性和创造性,在人类发展关键历程的重大关键时刻,曾经发挥了不可替代的关键作用,真正改变了人类文明的进程。他们身上所呈现的价值观和独特气质,正是引领人类走向更加开阔的未来的最宝贵财富。

尼葛洛庞帝曾这样对方兴东说:"你做的口述历史这项工作非常有意义。因为互联网历史的创造者,现在往往并不知道自己所做的事情有多么伟大,而我们的社会,现在也不知道这些人做的事情有多么伟大。"

我们希望将各层面核心亲历者的口述做成中国和

全球互联网浪潮最全面、最丰富、最鲜活的第一手材料，作为互联网历史的原始素材，全方位展示互联网的发展历程和未来走向。

我们的定位：展现人类新文明缔造者群像，启迪世界互联新未来。

我们的理念：历史都是由人民群众创造的，但是往往是由少数人开始的。由互联网驱动的这场人类新文明浪潮就是如此，我们通过挖掘在历史关键时刻起到关键作用的关键人物，展现时代的精神和气质，呈现新时代的价值观和使命感，引领人类每一个人更好地进入网络时代。

我们的使命：发现历史进程背后的伟大，发掘伟大背后的历史真相！

互联网口述历史：人类新文明缔造者群像

"互联网口述历史"现场，李开复与方兴东。

（摄于 2015 年 10 月 17 日）

"互联网口述历史"现场，杨宁与方兴东。

（摄于 2015 年 11 月 30 日）

"互联网口述历史"现场,刘强东与方兴东、赵婕。

(摄于 2015 年 12 月 13 日)

"互联网口述历史"现场,倪光南与方兴东。

(摄于 2015 年 6 月 28 日)

"互联网口述历史"现场,张朝阳与方兴东。

(摄于 2014 年 1 月 12 日)

"互联网口述历史"现场,周鸿祎与方兴东。

(摄于 2013 年 10 月 1 日)

"互联网口述历史"现场,吴伯凡与方兴东。

(摄于 2010 年 9 月 16 日)

"互联网口述历史"现场,田溯宁与方兴东。

(摄于 2014 年 1 月 28 日)

"互联网口述历史"现场,陈彤与方兴东。

(摄于 2010 年 8 月 21 日)

"互联网口述历史"现场,钱华林与方兴东。

(摄于 2014 年 1 月 27 日)

"互联网口述历史"现场,刘九如与方兴东。

(摄于 2014 年 3 月 13 日)

"互联网口述历史"现场,张树新与方兴东。

(摄于 2014 年 2 月 17 日)

互联网口述历史：人类新文明缔造者群像

"互联网口述历史"访谈后合影，拉里·罗伯茨（Larry Roberts）与方兴东。

（摄于 2017 年 8 月 3 日）

> To CyberLabs
> Great interview with great questions.
> Glad to have you.
> Larry Roberts

致互联网实验室：

很棒的采访，精心设计的问题。

与你们见面很开心。

——拉里·罗伯茨

"互联网口述历史"访谈后合影,伦纳德·罗兰罗克(Leonard Kleinrock)与方兴东。

(摄于 2017 年 8 月 5 日)

"互联网口述历史"是一个很棒的项目,很开心能参与其中。将历史与技术专业融合探索是了解互联网历史的最好方法。你们的采访轻松但深刻,很棒。

祝顺!

——伦纳德·罗兰罗克

"互联网口述历史"访谈后合影,温顿·瑟夫(Vint Cerf)与方兴东。

(摄于 2017 年 8 月 7 日)

I enjoyed reliving the story of the Internet. There is much more to tell!

Vint Cerf
8/7/2017

十分享受重温互联网故事的过程。意犹未尽!

——温顿·瑟夫

"互联网口述历史"访谈后鲍勃·卡恩(Bob Kahn)签名。

(摄于 2017 年 8 月 28 日)

希望你们的口述历史项目一切顺利。十分开心可以参与其中。

——鲍勃·卡恩

"互联网口述历史"访谈后合影,斯蒂芬·克罗克(Stephen Croker)与方兴东。

(摄于 2017 年 8 月 8 日)

What an impressive and extensive project! I applaud the magnitude and thoroughness of your preparation and effort. I look forward to seeing the results.
Steve Crocker
August 8, 2017

一个令人印象深刻的项目。你们严谨而深入的前期准备和努力,值得赞许。期待看到你们的项目成果。

——斯蒂芬·克罗克

"互联网口述历史"访谈后合影,斯蒂芬·沃夫(Stephen Wolff)与方兴东。

(摄于 2017 年 8 月 10 日)

> You have embarked on an extraordinary voyage of learning and understanding of the Internet, its origins, and its future(s). I am grateful for the opportunity to contribute, wish you well in your endeavor, and hope to see the outcome of your diligence
>
> —Stephen Wolff
> 2017·08·10

你们已经踏上了一条学习和了解互联网,探索其起源和未来发展的非同寻常之旅。十分感谢有机会能够贡献自己的一份力量。祝愿你们的项目进展顺利,期待早日看到你们的工作成果。

——斯蒂芬·沃夫

"互联网口述历史"访谈现场,维纳·措恩(Werner Zorn)接受提问。

(摄于2017年12月5日)

I strongly believe in
a good and prosparous
cooperation between
the Chinese Internauts
and the western collegues
friends and competitors towards
an open and florishing
Internet
Wuzhen, Dec 5, 2017
Werner Zorn

我坚信中国互联网参与者与西方同仁、伙伴和竞争者之间友好繁荣的合作会带来一个开放和蓬勃发展的互联网。

——维纳·措恩

"互联网口述历史"访谈现场,路易斯·普赞(Louis Pouzin)接受提问。

(摄于 2017 年 12 月 19 日)

> Internet and all its successors (new internet) are a nervous system providing control and communications between live and mechanical systems of the world. As any complex systems they must be designed by expert, and repaired when they do not work to satisfaction. They are part of our life, and we ourselves should endeavour to put our expertise to make them safe at efficient.
>
> Louis Pouzin
> 19.12-2017

互联网及其所有继任者(新互联网)是一个神经系统,为世界的生命系统和机械系统提供控制和交流的平台。与任何复杂的系统一样,它们须由专家设计,并在其工作不畅时及时进行修复。它们是我们生活的一部分,我们理应倾注我们的力量使其更加安全和高效。

——路易斯·普赞

"互联网口述历史"访谈现场,全吉男(Chon Kilnam)接受提问。

(摄于 2017 年 12 月 5 日)

> Hope you can come up with good interviews with collaboration of others in Asia, North America, Europe and others. Let me know if you need any support on this matter. Good luck on the important topics.
>
> 2017.12.5
> Chon Kilnam
> 全吉男

希望你们与亚洲、北美洲、欧洲及其他地区的人能够合作进行更多优秀的采访。如果需要我的支持,请与我联系。预祝项目进展顺利。

——全吉男

(因版面有限,仅做部分照片展示。感谢您的关注!所有照片及资料受版权保护,未经授权不得转载、翻拍或用于其他用途。)

互联网实验室文库
21 世纪的走向未来丛书

我们正处于互联网革命爆发期的震中,正处于人类网络文明新浪潮最湍急的中央。人类全新的网络时代正因为互联网的全球普及而迅速成为现实。网络时代不再仅是体现在概念、理论或者少数群体中,而是体现在每个普通人生活方式的急剧改变之中。互联网超越了技术、产业和商业,极大拓展和推动了人类在自由、平等、开放、共享、创新等人类自我追求与解放方面的新高度,构成了一部波澜壮阔的人类社会创新史和新文明革命史!

过去20年，互联网是中国崛起的催化剂；未来20年，互联网更将成为中国崛起的主战场。互联网催化之下全民爆发的互联网精神和全民爆发的创业精神，两股力量相辅相成，相互促进，自下而上呼应了改革开放的大潮，助力并成就了中国崛起。互联网成为中国社会与民众最大的赋能者！可以说，互联网是为中国准备的，因为有了互联网，21世纪才属于中国。

互联网给中国最大的价值与意义在于内在价值观和文明观，就是崇尚自由、平等、开放、创新、共享等内核的互联网精神，也就是自下而上赋予每个普通人以更多的力量：获取信息的力量，参政议政的力量，发表和传播的力量，交流和沟通的力量，社会交往的力量，商业机会的力量，创造与创业的力量，爱好与兴趣的力量，甚至是娱乐的力量。通过互联网，每个人，尤其是弱势群体，以最低成本、最大效果地拥有了更强大的力量。这就是互联网精神的革命性所在。互联网精神通过博客、微博和微信等的普及，得以在中国全面引爆开来！

如今，中国已经成为互联网大国，也即将成为世界的互联网创新中心。从应用和产业层面，互联网已经步入"后美国时代"。但是目前互联网新思想依然是以美国为中心。美国是互联网的发源地，是互联网创新的全球中心，美国互联网"思想市场"的活跃程度迄今依然令人叹服。各种最新著作的引进使我们与世界越来越同步，成为助力中国互联网和社会发展的重要养料。而今天中国对于网络文明灵魂——互联网精神的贡献依然微不足道！文化的创新和变革已经成为中国互联网革命非常大的障碍和敌人，一场中国网络时代的新启蒙运动已经迫在眉睫。"互联网实验室文库"的应运而生，目标就是打造"21世纪的走向未来丛书"，打造中国互联网领域文化创新和原创性思想的第一品牌。

互联网对于美国的价值与互联网对于中国的价

值，有共同之处，更有不同。互联网对于美国，更多是技术创新的突破和社会进步的催化；而在中国，互联网对于整个中国社会的平等化进程的推动和特权力量的消解，是前所未有的，社会变革意义空前！所以，研究互联网如何推动中国社会发展，成为"互联网实验室文库"的出发点。文库坚持"以互联网精神为本"和"全球互联，中国思想"为宗旨，以全球视野，着眼下一个十年中国互联网发展，期望为中国网络强国时代的到来谏言、预言和代言！互联网作为一种新的文明、新的文化、新的价值观，为中国崛起提供了无与伦比的动力。未来，中国也必将为全球的互联网文化贡献自己的一份力量！

"互联网实验室文库"得到了中国互联网协会、首都互联网协会、汕头大学国际互联网研究院、数字论坛和浙江传媒学院互联网与社会研究中心等机构的鼎力支持。因为我们共同相信，打造"21世纪的走向未来丛书"是一项长期的事业。我们相信，中国互联网思想在全球崛起也不是遥不可及,经过大家的努力,中国为全球互联网创新做出贡献的时刻已经到来,中国为全球互联网精神和互联网文化做出贡献的时刻也即将开始。我们相信,随着互联网精神大众化浪潮在中国的不断深入,让 13 亿人通过互联网实现中华民族的伟大复兴不再是梦想!让全世界 75 亿人全部上网,进入网络时代,也一定能够实现。而在这一伟大的历程中,中国必将扮演主要角色。

互联网实验室创始人、丛书主编　方兴东

注 释

[1] 编注:1993年,田溯宁、丁健等留美学生在美国创建了互联网公司"亚信"。1995年,胸怀"科技报国"理想,田溯宁、丁健率公司回国,立志"把互联网带回家、为中国做事,做中国最好的企业"。

[2] 编注:郭为,1963年出生于河北省秦皇岛市。高级工程师,神州数码控股有限公司董事局主席,国家信息化专家咨询委员会委员,中国民营科技实业家协会理事长,北京信息化协会会长等。

[3] 编注:英文为Lubbock美国德克萨斯州西北部的一个县城。

[4] 编注:李·亚科卡(Lee Iacocca,又译李·艾科卡),风头盖过韦尔奇的领袖。曾担任福特汽车公司的总裁,并在担任克莱斯勒汽车公司的总裁后,把这家濒临倒闭的公司从危境中拯救过来,使之奇迹般地东山再起,成为全美第三大汽车公司。他那锲而不舍、转败为胜的奋斗精神使人们为之倾倒,在20世纪80年代及90年代初,李·亚科卡成为美国商业偶像第一人。

[5] 编注:中文译名为《有话直说》。

6 编注：北京九强生物技术股份有限公司。

7 编注：邹左军，北京九强生物技术股份有限公司董事长，为公司创始人之一。曾任中国科学院青年科学家重点开放实验室副主任，现为北京民营科技实业家协会会员，中国科学院研究生院校友会副理事长。

8 编注：达拉斯（Dallas），德克萨斯州第三大城市，美国第九大城市，属于美国第四大城市群。达拉斯被拉夫堡大学的全球化与世界级城市研究小组与网络列为第三类世界级城市，即小型世界级城市。

9 编注：BITNET 是一种连接世界教育单位的计算机网络。类似于 Internet（互联网），但是与 Internet 是相互独立的。用户可以在 BITNET 和 Internet 之间发送电子邮件。随着 Internet 的逐步发展，BITNET 的作用已经变得越来越小。

10 编注：TCP/IP（Transmission Control Protocol / Internet Protocol），传输控制协议/网际互联协议，是互联网最基本的协议，由网络层的 IP 协议和传输层的 TCP 协议组成。TCP/IP 定义了电子设备如何连入互联网，以及数据如何在它们之间传输的标准。

11 编注：Sino-Ecologists Association Overseas，中华海外生态学者协会，于 1989 年在美国正式成立，是由在美国、加拿大等国的生态学、地学及环境科学领域工作和学习的中国学者和学生组成的自愿、非盈利的学术型专业协会。

12 编注：《华夏文摘》，网上最早的独立海外华人中文媒体之一。由海外中国留学生梁路平、朱若鹏、熊波、邹孜野等人创办于 1989 年 3

注释

月 6 日，原为"新闻文摘电脑网络"（News Digest），于 1991 年 4 月 5 日改为《华夏文摘》并创刊。《华夏文摘》于每周五出版，内容包括政治、经济、文化、艺术和科学等方面。

[13] 编注：图雅，中文网络写作的前辈，20 世纪 50 年代出生于北京。图雅到底是谁至今仍是个谜。从 1993 年到 1996 年，他在全球中文网络里如日中天，所创作的散文、寓言、小说、杂文风靡一时。1996 年，图雅不辞而别，离开网络，从此再不复归。

[14] 编注：张云飞，1977 年考入中国科技大学空间物理系，后获得美国波士顿大学博士学位，是亚信科技（AsiaInfo）的创始人之一。

[15] 编注：丁健，1965 年在北京出生。于 1993 年与其他几位留学生共同创办亚信公司，作为亚信公司的创始人之一，丁健在公司先后担任过高级副总裁兼首席技术官、业务发展副总裁等职，并自 1995 年以来一直担任公司董事。

[16] 编注：软盘（Floppy Disk），是个人计算机（PC）中最早使用的可移动介质。

[17] 编注：刘耀伦，美籍华人，出生于中国香港。1960 年底赴美留学，1968 年毕业于美国休斯敦德克萨斯州南方大学（Texas Southern University），并取得生物学硕士学位。刘耀伦不仅是一位成功的房地产商，也是一位热心的爱国华侨。

[18] 编注：电子公告牌系统（Bulletin Board System，BBS）。通过在计算机上运行服务软件，允许用户使用终端程序通过电话调制解调器拨号或者互联网来进行连接，执行下载数据或程序、上传数据、阅读新闻、

与其他用户交换消息等功能。许多 BBS 由站长（通常被称为 SYSOP-SYStem OPerator）业余维护，而另一些则提供收费服务。BBS 也泛指网络论坛或网络社群。

[19] 编注：企业发展国际公司（Business Development International，BDI）。

[20] 编注：SP，指移动互联网服务内容、应用服务的直接提供者，负责根据用户的要求开发和提供适合手机用户使用的服务。

[21] 编注：Novell（诺勒有限公司），是一家老字号的网络公司，其主要产品 NETWARE 网络操作系统可将多台个人电脑连接到一个统一的整合了子目录、存储、打印、数据库等的网络中。20 世纪 80 年代和 90 年代，该公司成长非常迅速，几乎垄断了整个网络市场，但是在微软公司视窗软件加入了网络功能后，该公司的业务受到影响，一度业绩低落。

[22] 编注：1993 年初，田溯宁提出计划，希望建立一个名为亚信日报（AsiaInfo Daily News）的公司，其内容为电子公告牌的副产品，计划提供着眼于中国的新闻订阅服务。到 1993 年年底，亚信日报终于成立并开始运作，亚信日报的内容包括翻译成英文的政治、娱乐和金融新闻，都是与中国相关的信息。

[23] 编注：吴军，原腾讯副总裁。曾获得 1995 年的全国人机语音智能接口会议的最佳论文奖和 2000 年 Eurospeech 的最佳论文奖。著有《数学之美》和《浪潮之巅》等著作。

[24] 编注：刘亚东，1982 年毕业于中国科技大学，后获得美国马里兰大学物理学博士学位。他是普元软件技术（上海）有限公司董事会主席、

总裁，曾任亚信科技执行副总裁，为亚信主要创始人之一。

[25] 编注：IETF，是互联网工程任务组（Internet Engineering Task Force）的简写，成立于 1985 年底，是全球互联网最具权威的技术标准化组织，主要任务是负责互联网相关技术规范的研发和制定，当前的国际互联网技术标准即出自 IETF。

[26] 编注：温特·瑟夫（Vint Cerf，又译文顿·瑟夫），谷歌公司副总裁，被称为"互联网之父"。

[27] 编注：灌木（丛）；灌木般丛生。

[28] 编注：美国 Sprint 公司成立于 1938 年，前身是 1899 年创办的 Brown 电话公司，当时是堪萨斯州的一家小型地方电话公司。目前，Sprint 公司已成为全球性的通信公司，并且在美国诸多运营商中名列三甲，主要提供长途通信、本地业务和移动通信业务。

[29] 编注：美国国家科学基金会（National Science Foundation，NSF），美国独立的联邦机构，成立于 1950 年。任务是通过资助基础研究计划、改进科学教育、发展科学信息和增进国际科学合作等办法促进美国科学的发展。

[30] 编注：威廉·戴利，男，美国律师与银行家，曾任克林顿政府商务部部长。

[31] 编注：梁志平，曾任中国电信集团政企客户事业部总经理。

[32] 编注：中国科学院高能物理研究所。

33 编注:欧洲核子研究组织(European Organisation for Nuclear Research,CERN)是世界上最大的粒子物理学实验室,也是全球资讯网的发祥地。

34 编注:搭建局域网环境。

35 编注:赵小凡,1950年2月生,黑龙江肇东人。曾任电子工业部第15研究所计算机网络室主任、中华通信系统公司副总经理、国务院信息化工作领导小组办公室网络组组长、信息产业部信息化推进司副司长、国务院信息化工作办公室推广应用组组长、信息产业部信息化推进司副司长等。

36 编注:中华通信系统有限公司(简称"华通")是经国家经贸委批准设立,在国家工商总局注册登记,享受北京市高新技术企业优惠政策的国有股份制企业。中华通信原为电子部、后为信息产业部的直属企业,现隶属于中国电子科技集团公司。

37 编注:ChinaNet,是邮电部门经营管理的基于互联网网络技术的中国公用计算机互联网,是国际计算机互联网(Internet)的一部分,是中国的互联网骨干网。ChinaNet骨干网建设始于1995年,一期工程完成北京、上海两个骨干节点,以一条64kbps速率的国际专线出口到美国,二期工程于1996年年底完成,建成覆盖全国30个省会城市及重庆的全国骨干网。

38 编注:王功权,企业家,风险投资家,鼎晖创业投资基金合伙人及创始人之一。他于1993年任万通实业集团董事局副主席、总裁兼美国万通公司董事长,于2012年1月1日从鼎晖创投辞职。

注 释

39 编注:孙强,黑土地集团创始人,私募投资人,是中国最早从事投资银行业务和私募投资业务的专业人士之一。

40 编注:王晓初,1989 年毕业于北京邮电大学,中国电信集团公司董事长、党组书记。他曾主持开发中国电信电话网络管理系统等信息科技项目,并因此获得国家科学技术进步三等奖及原邮电部科学技术进步一等奖等。

41 编注:谢峰,曾任卓望公司 CEO,杭州电信数据分局局长。

42 编注:Sun Microsystems 是 IT 及互联网技术服务公司(已被甲骨文公司收购),创建于 1982 年,主要产品是工作站及服务器。1986 年在美国成功上市。1992 年 Sun 推出了市场上第一台多处理器台式机 Sparc-Station 10 system,并于 1993 年进入财富 500 强。

43 编注:郭凤英,亚信的创始人之一。

44 编注:华登国际投资集团(简称华登集团)是亚太地区最知名的创业投资机构之一,总部设于美国旧金山。

45 编注:冯波,中国第一代投资人,策源创投创始人及主管合伙人。

46 编注:德勤会计师事务所(Deloitte & Touche),世界四大会计事务所之一。

47 编注:韩颖,女,亚信科技(中国)公司执行副总裁兼首席财务官。

48 编注:X.25 是一个使用电话或 ISDN 设备作为网络硬件设备来架构广

域网的 ITU-T 网络协议,是第一个面向连接的网络,也是第一个公共数据网络。在国际上 X.25 的提供者通常称 X.25 为分组交换网(Packet Switched Network),尤其是那些国营的电话公司。它们的复合网络从 20 世纪 80 年代到 90 年代覆盖全球,现仍然应用于交易系统中。

[49] 编注:野永东,中国电信系统集成公司副总经理。

[50] 编注:163 网,即中国公用计算机互联网(ChinaNet),该网络由当时的邮电部建设经营,是我国四大计算机互联网之一,也是国际互联网在中国的接入部分。其用户特服接入号为 163,故称 163 网。

[51] 编注:169 网,是指邮电部于 1997 年投资经营,采用 Internet/Intranet 技术,充分利用国家公用通信网的网络资源组建的中国公众多媒体通信网。该网络的特服接入号码为 169,故又称 169 网。

[52] 编注:张树新,女,出生于 1963 年 7 月,辽宁抚顺人。她于 1995 年 5 月创建了瀛海威信息通信有限责任公司的前身北京科技有限责任公司并担任总裁。被称为"中国信息行业的开拓者",也被业界人士称为"中国互联网的先驱"。

[53] 编注:王志东,广东省东莞人,北京点击科技有限公司董事长兼总裁,BDWin、中文之星、RichWin 等著名中文平台的一手缔造者。先后创办了新天地信息技术研究所、四通利方信息技术有限公司,曾领导新浪成为全球最大中文门户并在纳斯达克成功上市。

[54] 编注:张朝阳,1964 年 10 月出生,陕西省西安市人,搜狐公司董事局主席兼首席执行官。

注 释

55 编注:曾强,毕业于清华大学经济管理学院。他曾创办实华开信息技术有限责任公司——第一代中英文全球多媒体在线网,以及中国第一家网络咖啡屋,之后创办全国最大的网络咖啡屋连锁店。

56 编注:胡泳,北京大学新闻与传播学院副教授,博士,兼任《北大商业评论》副主编,中央电视台《我们》栏目总策划,价值中国网总编辑,中国传播学会常务理事。他是国内最早从事互联网和新媒体研究的人士之一。

57 编注:陈宏,汉能投资集团董事长兼首席执行官。

58 编注:1996年10月,张朝阳创办爱特信公司(ITC)。1997年2月,爱特信公司正式推出 ITC 中国工商网络,半年后接着推出大型栏目 ITC 指南针,即搜狐网站的前身。1998年,爱特信正式推出"搜狐"产品,并更名为搜狐公司。2000年7月12日,搜狐公司在美国纳斯达克成功挂牌上市。

59 编注:丁磊,生于1971年10月,宁波人,网易公司创始人兼CEO。

60 编注:美国 NBC 环球集团持有的全球性财经有线电视卫星新闻台,是全球财经媒体中的佼佼者。

61 来源:优米网,2012年1月16日,《在路上》之《田溯宁:把宽带带进中国》《田溯宁:让宽带改变中国》(主持人:赵伟)。http://chuangye.umiwi.com/2012/0116/56658.shtml

62 编注:沃伦·巴菲特(Warren Buffett),全球著名的投资商,出生于美国内布拉斯加州的奥马哈市。

63 编注:查理·芒格(Charlie Thomas Munger),美国投资家,沃伦·巴菲特的黄金搭档,出生于美国内布拉斯加州的奥马哈。

64 来源:2017年8月30日(下午),创客空间,田溯宁媒体座谈会。

65 来源:2017年8月30日(下午),创客空间,田溯宁媒体座谈会。

66 编注:窄带物联网(Narrow Band Internet of Things, NB-IoT),万物互联网络的一个重要分支。

67 编注:B2B是Business-to-Business的缩写,是指企业与企业之间通过专用网络或互联网,进行数据信息的交换、传递,开展交易活动的商业模式。

68 来源:"博客中国"专题资料,推荐、收集于2015年8月。

69 来源:尹生:《对话田溯宁:亚信是我人生很大的一个满足》《中国企业家》,2006年第2期。

70 来源:张亮:《田溯宁:一个创新主义者的长征》《环球企业家》,2005年第12期,总第117期。

71 来源:C114中国通信网,2008年3月11日,"高层语录"《前网通CEO田溯宁》。http://www.c114.net/persona/390/a265537.html.

72 来源:腾讯科技,科技人物库:田溯宁。http://datalib.tech.qq.com/people/234/yulu.shtml.

73 来源:中云网,2012年10月25日,《田溯宁:大数据的投资架构》

("大数据大影响"论坛,田溯宁演讲)。http://www.china-cloud.com/yunrenwu/tiansuning/20121025_15786.html.

[74] 来源:新浪财经,2013年12月31日,《田溯宁:新技术变革让整个社会跟网络连在一起》("2014正和岛新年家宴",田溯宁演讲)。http://finance.sina.com.cn/hy/20131231/113317807991.shtml.

[75] 来源:张亮:《田溯宁:一个创新主义者的长征》《环球企业家》,2005年第12期,总第117期。

[76] 来源:新浪财经,2016年2月20日,《田溯宁吴鹰丁健上演老友记:我与互联网之缘》(2016年2月20日,2016年亚布力中国企业家论坛第十六届年会,吴鹰、田溯宁、丁健、张树新四位中国最早的互联网从业者讲述了中国互联网发展的过去、对当下的思考和对未来的展望。文章为节选)。http://finance.sina.com.cn/360desktop/hy/20160220/180224316866.shtml.

[77] 来源:田溯宁:《田溯宁:八年,如何重寻想象力与勇气》《经济观察报》,2009年4月17日。

项目资助名单

"互联网口述历史"（OHI）得到以下项目资助和支持：

国家社科基金重大项目
批准号：18ZDA319
项目名称：全球互联网 50 年发展历程、规律和趋势的
　　　　　口述史研究

国家社科基金一般项目
批准号：18BXW010
项目名称：全球史视野中的互联网史论研究

国家社科基金重大项目
批准号：17ZDA107
项目名称：总体国家安全观视野下的网络治理体系研究

教育部哲学社会科学研究重大课题攻关项目
批准号：17JZD032
项目名称：构建全球化互联网治理体系研究

国家自然科学基金重点项目
批准号：71232012
项目名称：基于并行分布策略的中国企业组织变革与
文化融合机制研究

浙江省重点科技创新团队项目
计划编号：2011R50019
项目名称：网络媒体技术科技创新团队

未经许可,不得以任何方式复制或抄袭本书之部分或全部内容。
版权所有,侵权必究。

图书在版编目(CIP)数据

光荣与梦想:互联网口述系列丛书.田溯宁篇 / 方兴东主编.
—北京:电子工业出版社,2019.3
ISBN 978-7-121-33158-9

Ⅰ.①光… Ⅱ.①方… Ⅲ.①互联网络-历史-世界
Ⅳ.①TP393.4-091

中国版本图书馆 CIP 数据核字(2017)第 295732 号

出版统筹:刘九如
策划编辑:刘声峰(itsbest@phei.com.cn)
　　　　　黄　菲(fay3@phei.com.cn)
责任编辑:黄　菲　　特约编辑:刘广钦　刘红涛
印　　刷:涿州市京南印刷厂
装　　订:涿州市京南印刷厂
出版发行:电子工业出版社
　　　　　北京市海淀区万寿路 173 信箱　邮编:100036
开　　本:787×1 092　1/32　印张:7.625　字数:189 千字
版　　次:2019 年 3 月第 1 版
印　　次:2019 年 3 月第 1 次印刷
定　　价:58.00 元

凡所购买电子工业出版社图书有缺损问题,请向购买书店调换。若书店售缺,请与本社发行部联系,联系及邮购电话:(010)88254888,88258888。

质量投诉请发邮件至 zlts@phei.com.cn,盗版侵权举报请发邮件至 dbqq@phei.com.cn。

本书咨询联系方式:39852583(QQ)。

——互联网实验室文库——